企業創新與使命

36位創業家企業創新與使命的實踐之道

台企會 菁英群 合著

企業創新與使命

【推薦序】

台企領袖　遠流十方

台灣小故宮森磊觀博物館館長

吾人常云：「人有人緣、物有物緣。若無因緣、絕不現前。」
記得於2013～2015年間，台灣小故宮森磊觀博物館，順應昇恒昌在內湖免稅廣場，江松樺董事長之懇邀，同心共願舉辦空前莊嚴之「昇恒昌緣法華勝會」大展之公益活動。

在來訪賓客當中，得緣認識了信維先生(Roger)，經過多次見面和懇談，從陌生不識到溫馨熟識。熾然了解信維兄的展業企圖(Amibation)。這些因緣，吾人覺得都是「前世今生、再續前緣」

36位創業家企業創新與使命的實踐之道

了知(Roger)在心靈世界的願力後，當然需要一個運作交流平台，遂建議邀請數位同頻率、正能量的好友成立「台灣企業領袖交流會」，坦白說在初創期間，可能還是個位數，後來逐漸增加，當時敦請吾人為「台企會」的首席顧問，當下欣然接受且心甘情願，充滿法喜。

光陰如梭，瞬間已逾九年，也正邁入第十個年頭，多年來經(Roger)的精進不懈的能力與為人謙懇之親和力，造就了十二個平台的協同效應，且日新月異，欣欣向榮。帶領「台企會」邁向有「良心、良能、良覺、良知、良行」的五良企業發展平台。

現代企業與社會結構，皆因電子傳播訊息與AI (Artificial Intelligence)時代和數位經濟(Digital economy)的潮流，也是各行企業方向的四化轉型，如①作業數位化、②數位平台化、③平台智能化、④智能實戰化。

以上四化是企業經營銳不可擋的趨勢，期盼「台企會」能有所傳行與轉型。AI或ChatGPT帶給人類的作業方便，固然是好事，但其基本還是要有生命智慧(Life Intelligence)來支撐。在如此科技暴衝時代，千萬不要忘了一股潛在最高智慧、高能量的「心」。也就是說「心真語默皆真、心妙動靜俱妙、心通萬法盡通」之智慧管理，如此「三心若明」，則「斗金易化」，若「三心不了」，則「滴水難消」。

時值「台企會」邁入第十年之際，(Roger)通知吾人，要發心出書，其名為《企業創新與使命》，如此可「宏觀法界」亦可「微觀自心」之大作，並集結了三十六位大善知識共襄盛舉，吾人甚為感動。

期盼「台企會」平台，除能於企業提供「創新」力量外，也不要忘了「守舊」的五良之心，也就是「啟發心靈真相和重建生命光明」。使社會國家或全球之人類，有良善的「生活品質、生存空間和生命意義」。進而創新、創建、創造「三生有幸」之人生和企業使命。

於此誠祝「台企會」十周年，為出書勝舉作序讚嘆，遂喜而偈曰：

　　　　　　台灣企業映十方　領袖交流廣涵藏
　　　　　　時時作自己主人　處處為大眾僕人

　　　　　　　　THANKS MILLION

　　　　　　　　　　　　　　　　台灣小故宮森磊觀博物館館長
　　　　　　　　　　　　　　　　陳學明 合十

企業創新與使命

【推薦序】

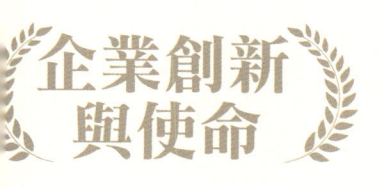

攜手並進，偕創新與使命同行

大聯大控股股份有限公司永續長
中華經營智慧分享協會(MISA)理事長

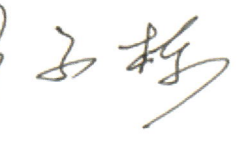

在一個偶然的機會裡，認識了台企會黃信維會長及台經會吳俊毅理事長，後來受邀去台企會作經營智慧分享，也在那個場合裡認識了台北市政府產業發展局林宣政執行長。在那一次的分享中，我發現台企會的活動非常有意義，集合了一群中小企業創業主及主管，定期分享彼此的經驗，也邀請一些外界企業家及專業人士來分享經驗，這些活動對整個中小企業的發展有莫大的幫助。

台企會非常有組織化及系統化，更成立了多元平台，提供多項活動及服務，讓大家各取所需，省去了大家在創業的摸索，貢獻社會良多，這種無私分享的精神值得敬佩。恭喜台企會已渡過了九個年頭，從草創時期進入到成長時期，相信未來一定可以提供更多的服務，造福中小企業。

36位創業家企業創新與使命的實踐之道

我個人也在2019年底創立了中華經營智慧分享協會(簡稱MISA智享會)，其宗旨是集合一群經營企業成功的人仕，來分享他們的經驗給成長&轉型期的企業主，這個宗旨的使命跟台企會是不謀而合，成立了4年多，培訓了超過900位學員，聽過經驗分享的學員超過13000人，稍微有了一些影響力。在推廣上台企會黃信維，也幫了很多忙，吳俊毅更派了30幾位幹部參加培訓課程，林宣政也間接促成了智享會會所的成立，都是MISA的貴人，一場偶然的機緣竟然共同做了對社會有意義的事，超乎原來的預期。

欣聞台企會要出一本「企業創新與使命」的書，我欣然接受邀請寫序，從30幾位企業主的文章中，發現了很多寶貴的經驗及心法，對一些企業主有莫大幫助。

我自己也是白手起家創業，在早期領薪水工作期間就發現自己摸索很痛苦，後來發了一個願，自己體會的心得，以後有機會一定要寫出分享，到目前已陸續完成了11本書，其實要完成一本書是件很辛苦的事情，台企會願意發起出版這本書，邀請了30幾位企業主撰稿，真的不簡單，文章作者除了要花時間整理撰寫以外，更難得的是有寬廣的心，願意無私分享經驗給別人，值得敬佩。

創業的路是辛苦的，也可以說是一條不歸路，永遠有解決不完的問題，需要有更多人的啟發與安慰，從書中案例中，了解了別人創業的心路歷程，也是經過一波挫折，無形中起了激勵及安慰自己的作用，同時也吸收了別人成功的經驗作參考，可以省走了一些冤枉路。

科技不斷在創新，企業也要不斷創新才不會被淘汰，書中有很多創新的案例，例如要應用AI提昇企業價值及效率，而不是害怕AI取代你的工作，這些觀念很值得參考，或許會讓你茅塞頓開。

感謝台企會的精心策劃及付出，相信讀者會受益良多，也祝福台企會的會務蒸蒸日上。

大聯大控股股份有限公司　永續長
中華經營智慧分享協會(MISA)理事長

曾國棟

企業創新與使命

【推薦序】

凝聚力量，共創永續未來

時報出版文化企業股份有限公司 董事長 趙政岷

台灣是一個自由民主的社會，企業百家爭鳴，屬於企業成立的社團也百花齊放，各有一片天。但或為名為利，有時意見難以統合，力量也因此分散。但成立於2015年的台灣企業領袖交流會（台企會）卻與眾不同，這是一群志同道合的夥伴，共同努力的聚合體，閃亮著耀眼的光芒！

36位創業家企業創新與使命的實踐之道

有幸在創會理事長黃信維的邀請下，我參加過幾次台企會的活動，每次都被這種凝聚的精神所感動。如今《企業創新與使命：36位創業家企業創新與使命的實踐》新書的出版，更是具體的成果。

這書從創會的初心談起，探索所承載的三大宗旨—企業永續、員工照顧、以及社會貢獻，為企業建立穩固的價值觀，更在企業變革時代中尋求生存之道。書中也列明五大創新與十二大平台，介紹交流合作與企業的創新的發展。更難得的是各企業心路歷程的分享，彰顯的台灣各角落企業家的精神與實踐。

　台企會已經過了九個年頭，其中的點點滴滴，辛勤付出和無私奉獻，為社會留下了許多足跡。

企業的進化靠不斷前行的動力、熱情與活力。台企會從一個初創的小團體，發展成如今在台灣企業界具有重要影響力的組織，推動了無數的企業合作項目，舉辦了無數場的商務交流活動，幫助了無數企業實現了創新與轉型。這種努力不僅僅是為了各自企業的發展，更是落實企業永續發展的社會使命，帶來更多的正面影響。

在嚴峻的競爭環境中，企業面臨的挑戰無比艱鉅，台企會以五大任務指南，提供全方位的支持與發展，是企業之幸，也見到了台灣光明的希望！

時報出版文化企業股份有限公司　董事長　趙政岷

企業創新與使命

【自　序】

初心九載：見證台企會的成長與展望未來

黃信維

2015年1月，台灣企業領袖交流會（台企會）正式成立，這是一個我與一群志同道合的夥伴共同努力的結晶。創會的初心源自我們對台灣企業的熱愛和期許，期望在這個瞬息萬變的商業環境中，為企業提供一個交流合作的平台，推動企業的創新與發展。回顧這九年多來的點點滴滴，我深刻體會到台企會的價值和意義。

首先，我要特別感謝台企會的工作團隊，沒有他們的辛勤付出和無私奉獻，台企會不可能有今天的成就。感謝林永杰資深副會長及王麗卿、李巧玲、江明宏等副會長，感謝他們在創會初期的開創之功。特別感謝吳俊毅、廖延修、何毅夫、李敏雲、黃豐盛、趙蘊嫻、王仲佑、王義勝、甘惠杏、陳培綸、葉維中等平台主席及其領導的委員團隊，他們多年的支持是我們不斷前行的動力，為台企會的每一個成就奠定了堅實的基礎。也感謝資深

36位創業家企業創新與使命的實踐之道

會員李心峰總經理、胡瑞柔總經理、陳雲逸總經理、陳呈緯總經理、林萃芬老師以及會務長張櫻瓊，他們長年的鼎力相助，讓我們的會務推動更加順利。還有許多重要的會員朋友，每一份支持與鼓勵，我們都深深記在心裡，衷心感謝你們。

此外，感謝台企會創會首席顧問陳學明大師，他的智慧和指導讓我們在方向上更加明確、腳步更加踏實；感謝台北市產業發展局林宣政執行長，多年提供的資源與支持是我們能夠順利推動各項計畫的重要基石。感謝中華經營智慧分享協會曾國棟理事長以及時報出版文化企業股份有限公司趙政岷董事長等企業前輩們，提供寶貴的經營知識與經驗，為我們指引了前進的方向。

在這九年多來，我們共同見證了台企會的成長與發展。我們從一個初創的小團體，發展成為一個在台灣企業界具有重要影響力的組織。這段時間裡，我們推動了無數的企業合作項目，舉辦了無數場的商務交流活動，幫助了無數企業實現了創新與轉型。我們的努力不僅僅是為了企業的發展，更是希望能夠為社會帶來更多的正面影響。

感謝我的太太，她一直以來在背後默默地支持著我，讓我可以全心投入到台企會的工作中。感謝我的母親，她的教誨和支持，讓我在成長的過程中學會了堅韌與勇敢，這些品質一直支撐著我在事業上的追求。同時，也感謝我的家人，尤其是兩個兒子，他們的平安成長是我最大的安慰。感謝神

在我生命中的指引，感謝余師姐在我最困難的時候給予的指點和支持，陪我度過了一次次的難關。

展望未來，2025年1月，台企會即將迎來成立的十周年。這十年是我們共同努力的成果，是我們對台灣企業發展貢獻的見證。未來，我們將繼續秉持創會的初心，不斷推動企業創新與發展，履行我們的社會責任，為台灣的經濟繁榮與社會和諧貢獻更多的力量。

九年多來，我深感自己成就了他人，也成就了自己的使命。台企會讓我看到了企業的力量，看到了團結合作的重要性。這本書是對我們過去九年來努力的總結，也是對未來的展望。希望通過這本書，能夠啟發更多的企業主和創業者，讓他們在面對挑戰時更加堅定，更加勇敢，實現他們的創新夢想。

再次感謝所有支持和參與台企會的朋友們，感謝您們的信任和支持。未來，我們將繼續攜手並肩，共同開創更加美好的明天。

目錄 Contents

【推薦序】
台企領袖 遠流十方　　　　　　　　　　　陳學明　　02

攜手並進，偕創新與使命同行　　　　　　　曾國棟　　05

凝聚力量，共創永續未來　　　　　　　　　趙政岷　　08

【自序】
初心九載：見證台企會的成長與展望未來　　黃信維　　11

【台企會菁英群】
台企會：企業創新與使命　　　　　　　　　黃信維　　18

健康美麗走向幸福之路
陪伴所有人健康幸福 呷百二　　　　　　　吳俊毅　　32

從爭生存到定期回饋社會的創業之路　　　　廖延修　　40

創業思緒與甘苦　　　　　　　　　　　　　張培鏞　　50

從專利變現到創業陪跑人：
善用智權，創造倍增共贏　　　　　　　　　陳雲逸　　56

勞資共識到人才孵化：　　　　　　　　　　謝雅竹
從顧問經驗到管理實踐的雙贏之道　　　　　謝淮辰　　64

人類面對AI成功或是失敗 法律業評析	吳威廷	74
讓企業做好事也能賺錢 化危機為商機	詹家和	82
時尚 智能 永續 傳統五金產業轉型數位化的三大創新方針	李政哲	90
高效獲利才是好品牌	蔡文旗	98
勇敢跨界—以宏觀戰略思維創建品牌價值	邱正偉	106
從底層到頂層的翻轉之路	陳培綸	116
活成一道光，做自己與他人的貴人	王寶萱	124
女性創業家的成功推手	王子娘	130
共好 傳承 揚升 保險與理財是對自己與家庭負責 的具體表現 也是愛的延續	王永才	138
新博力：ERP軟體系統領航家	王瑞敏	146

篇名	作者	頁碼
「安得」廣廈千萬間，大庇天下寒「仕」俱歡顏	成昀達	154
原住民之光：激勵後代的美麗使命	伍秀蓁	160
魔法瓶裡的『檜木森林』	李清勇 黃素秋	168
I99 COFFEE社會企業關懷據點的創新與使命	林尚宏	176
一段追求夢想與使命的教育人生	邱惠如	186
打造最佳企業形象代言人 仲威文創，創造無限可能	何正良	192
從初心到巔峰：職涯的挑戰與感恩之旅	周書弘	198
讓世界看見台灣的好產品與優質品牌	洪金灼	204
在泰晶殿皇家SPA遇見更好的自己	張秀華	212
我的故事，從父母滿滿的愛說起	馬秀蓁	220

從土地到品牌：法布甜的創新之旅	張淑卿	230
資產傳承：家業永續的智慧之路	連文昭	238
佈局全球，讓我們助你一臂之力	黃豐盛	244
一段堅韌不拔的非凡創業旅程	葉國憲	252
一份初心打造回饋社會的事業	彭思萱	258
為名為利，陀螺一生	黃文華	266
從農場到餐桌上的大小「豬」事	曾俊凱	274
一顆水餃的感動．開啟香椿達人之路	劉信賢	280
起起伏伏又跌跌撞撞的攝影之路	趙蘊嫻	286
台企會X工巧明 共同創造更多可能	顏沐寬	294

台企會：企業創新與使命

黃信維

◆台灣企業領袖交流會創會長
◆台灣企業產經協進會創會理事長
◆台灣國際商貿協進會創會理事長
◆台企創業投資股份有限公司董事長
◆台企會社會慈善基金公益信託共同創辦人
◆暉捷國際顧問股份有限公司董事總經理

在嚴峻的競爭環境中，企業的成功不僅僅取決於其生產力和利潤，更在於其擁抱創新、履行社會責任的使命。《企業創新與使命》旨在深入挖掘台灣企業領袖流會（台企會）的核心價值，揭示其如何引領企業走向創新之路，同時擔起對社會的重要使命。

台企會不僅是一個組織，更是一個引領台灣企業走向新高峰的推動者。我們將探索它背後所承載的三大宗旨——「企業永續」、「員工照顧」、以及「社會貢獻」，這三大宗旨不僅為企業建立了穩固的價值觀，更是對企業在變革時代中的生存之道的深刻反思。

隨著經濟風暴的不斷湧來，企業面臨著前所未有的挑戰，而台企會以五大任務為指南，提供了全方位的支持——從發展企業平台經濟、促進產業合作對接，到促成企業投資媒合、協助企業創新轉型，以及落實企業社會責任。這五大任務形成了一個緊密相連的網絡，為企業開啟了一扇通往未來的大門。

而在這場創新的旅程中，台企會旗下的十二平台如同星群般閃耀著。這些平台不僅提供了資源整合的機會，更形成了一個協同運作的生態系統。這裡並不只是一個組織的總部，更像是一個企業家的實驗室，充滿了無限的可能性。

這本書將帶領讀者深入探索台企會的企業創新與使命，希望能夠成為企業主們的指南，引領他們在未來的道路上更加堅定、更加創新，實現企業的永續發展和社會的共榮繁榮。讓我們一同開啟這場對企業未來的思考之旅。

第一章：台企會的使命

在台灣企業迎接變革的時刻，台企會備受期待地成為引領企業邁向未來的重要力量。這一章將深入闡述台企會所擁有的獨特使命，旨在啟發企業主對於企業存在的意義和價值的深刻思考。

1.1 串聯台灣企業能量

台企會的首要使命是串聯台灣企業的能量，將各家企業的實力與資源有機結合，形成一個強大的共同體。透過整合資源，台企會致力於打造一個協作的環境，讓企業可以彼此受益，共同面對市場的挑戰。

1.2 整合資源、異業合作、升級轉型

使命的核心之一是整合資源、推動異業合作，並引導企業實現升級轉型。這不僅意味著提供資源的整合平台，更涉及到促使不同行業間的合作，共同開創價值，實現全方位的升級轉型。

1.3 實現「企業永續」的夢想
台企會的使命之一是實現「企業永續」的夢想。透過支持企業的永續發展，推動可持續經濟，台企會致力於成為企業在變動環境中的穩定支持者，引導企業走向長遠的成功之路。

1.4 全面照顧員工及提高生產力
企業的成功不僅依賴於穩健的經營策略，同樣重要的是全面照顧員工並提高生產力。台企會以此為使命，從工作、生活、健康等多個層面出發，致力於創造一個對員工全方位關懷的企業環境，以提高整體生產效能。

1.5 發揮企業社會責任，擴展社會服務之機會
最後，台企會的使命還包括發揮企業社會責任，透過其本身事業的成功，擴展對社會的貢獻。這不僅是對企業倫理的堅持，更是開啟企業與社會互動的新契機，進一步建立企業在社會中的良好形象。

透過台企會的使命，以期激發企業主對於企業存在的深層思考，以及如何透過這樣的使命引領企業邁向更加燦爛的未來。

第二章：台企會推動的企業創新

在現代商業環境中，企業創新是推動成功的重要引擎。這一章將深入探討台企會如何透過其使命的實踐，推動企業走向創新的前沿，為台灣企業營造更具競爭力的未來。

2.1 發展企業平台經濟

企業平台經濟是當今商業發展的關鍵趨勢，而台企會將致力於推動這種新興經濟模式的發展。透過建立強大的平台，企業能夠更有效地整合資源、促進互聯合作，實現更高效的運作方式，從而引領企業邁向更為數位化和智能化的未來。

2.2 促進產業合作對接

台企會明確了促進產業合作對接的使命，意味著不僅僅是單一企業的發展，更是產業生態系統的協同發展。這包括建立跨產業的合作夥伴關係，推動價值鏈上下游的協同創新，從而提升整個產業的競爭力。

2.3 促成企業投資媒合

企業的成長離不開資本的支持，而台企會的使命之一是促成企業投資媒合。這不僅包括在資金方面的支持，還包括引導企業與適合的投資者、合作夥伴建立有益的關係，推動企業快速成長，實現更長遠的發展目標。

2.4 協助企業創新轉型
企業在面對市場變革時需要具備靈活的創新轉型能力。台企會的使命包括協助企業創新轉型，透過提供創新思維、技術支持以及市場洞察，引導企業成功應對變革，實現更具競爭力的產業地位。

2.5 落實企業社會責任
企業社會責任是現代企業必須面對的重要課題。台企會的使命之一是落實企業社會責任，透過在商業運營中履行社會責任，建立企業的良好形象，同時擴大對社會的積極貢獻。

台企會推動企業創新方面的各項任務，發揮幫助企業應對變革、提升競爭力方面的關鍵作用，為企業主提供實踐創新使命的有效指南。

第三章：十二平台的資源整合

在這一章中，我們將深入研究台企會所擁有的十二平台，探討它們之間的相互連結，以及這些平台如何在實現企業創新的過程中發揮協同效應。平台不僅是資源整合的樞紐，更是企業創新的關鍵支持系統。

3.1 台灣產經平台(台灣企業產經協進會)
台灣產經平台作為核心，將各行業的企業聚合在一起，促進產業間的資訊共享與合作。以企業平台經濟的理念，它提供了一個共同的基礎，使不同行業的企業可以在此平台上共同探討創新解決方案。

平台致力於整合各行業企業，推動跨產業資訊共享與合作，以企業平台經濟理念促進創新解決方案。主辦了代表性活動，如「智慧大健康2.0論壇」和「台灣中小企業ESG博覽會」，強調不同領域合作，促進產業發展。這些活動不僅為企業提供了交流的機會，還推動了產業內的創新和合作。

3.2 國際商貿平台(台灣國際商貿協進會)
國際商貿平台使台灣企業與全球產業接軌，促進國際市場合作。這不僅拓展了企業的業務範圍，同時也為企業提供了與國際合作夥伴共同進行創新的機會，例如跨境合作的創新專案。

平台主辦定期的「國際資源媒合商談會」和「全球經貿商機系列講座」等代表性活動，為企業提供了與全球合作夥伴接觸的平台，促進商務交流和尋找商機。透過這些活動，企業得以深化國際合作，共同開展創新專案，使其成為台灣企業走向國際市場的重要橋樑。

3.3 商務合作平台
商務合作平台鼓勵企業間建立更緊密的商務夥伴關係。這種合作不僅包括了產品和服務的合作，還有共同研發和創新的合作，以共同應對市場的挑戰。

平台定期舉辦「企業商機合作交流會」等代表性活動，提供企業互相接觸的機會，促進商務合作。這種合作不僅有助於擴展產品和服務的合作範疇，還鼓勵共同應對市場上的各種挑戰。商務合作平台因此成為企業間密切合作的平台，促進共同發展和應對市場變化。

3.4 企業培訓平台
企業培訓平台不僅提供了專業技能培訓，更強調創新思維和解決問題的能力。通過在培訓中引入實際案例和創新方法，企業可以培養具有創新意識的員工，為企業創新提供更多可能性。

平台主辦定期的「企業參訪暨診斷活動」以及「中小企業ESG推動工作坊」等代表性活動，這些活動不僅提供了企業實際應用和解決問題的機會，也能夠激發員工的創造力，培養創新思維，從而提升整體企業的競爭力。企業培訓平台因此成為促進企業內部創新的關鍵平台。

3.5 品牌育成平台

品牌育成平台致力於提升企業的品牌價值，從而在市場中脫穎而出。這也包括了創新的品牌營銷策略，例如與其他平台合作推出創新產品，提高品牌的知名度。

平台主辦定期的「品牌力實戰研習營」，幫助企業實際應用品牌策略，並贏得品牌金舶獎，獲得總統表揚。同時，年度品牌價值策略論壇提供了一個交流平台，促進品牌專業知識的分享和討論。總的來說，品牌育成平台透過強化品牌價值和推動創新營銷策略，提高企業在市場中的競爭力。

3.6 企業智慧學苑

企業智慧學苑為企業提供了不斷學習和改進的機會。這個平台可以成為企業創新思維的搖籃，透過舉辦講座、論壇等活動，促使企業主動尋找新的商業機會。

平台主辦定期的行業講座和論壇，提供不同行業的專業講座和論壇，讓企業可以分享最新的行業趨勢和創新案例。同時；透過企業內訓課程，以提升員工的專業知識和創新能力。總的來說，企業智慧學苑致力於培養企業持續學習的文化，推動創新思維，並協助企業在不斷變化的商業環境中保持競爭力。

3.7 台企創投平台

台企創投平台為有潛力的新創企業提供投資和支持。這不僅是對新創企業的支持，同時也是一種推動整個產業進行創新的方式，例如透過

與新創合作推出新產品或服務。

平台定期舉辦「新創企業簡報說明會」和年度「企業創新媒合會」，提供投資者和新創企業互動的機會。這有助於潛在投資者深入了解新創企業，同時也為新創企業提供展示和合作的平台。總的來說，透過投資和活動，平台促進產業創新，建立投資者和新創企業合作橋樑。

3.8 創富家天使會
創富家天使會聚焦於資本和創業者的連結，促成資本的流動。這不僅為新創企業提供資金，同時也為投資者提供了參與創新項目的機會，例如透過參與天使投資推動新技術的應用。

平台定期舉辦的「優質項目考察活動」、「投資人智慧沙龍」以及「創業家投資峰會」等。這些活動提供了一個平台，讓投資者深入了解潛在的優秀項目，同時促進了投資者之間的知識分享和合作。總的來說，創富家天使會透過促進資本和創業者的連結，推動天使投資，不僅支持新創企業獲得資金，同時也推動新技術的應用。

3.9 私人董事會
私人董事會為企業提供高層領導層的智囊服務，透過提供專業意見和指導，協助企業制定更具前瞻性的發展戰略，推動企業的持續創新。平台定期舉辦策略諮詢會議，並邀請標竿企業領袖進行專題分享等活動，這有助於企業獲取寶貴的專業建議，同時促進企業間的交流與合作。總的來說，私人董事會通過提供專業指導和建議，助力企業制定前瞻性戰略，並透過定期活動促進業界知識的分享與合作。

3.10 員工照顧平台
員工照顧平台直接影響到企業的生產力和創新。這個平台提供了一個全方位的員工照顧方案，從工作環境改善到生活福祉，激發員工更好的工作表現和創新思維。

平台提供全方位的員工照顧方案，包括工作環境改善和生活福祉，旨在激發員工更出色的工作表現和創新思維。平台也配合政府舉辦「工作與生活平衡方案」暨「職場壓力預防與管理研討會」等活動，進一步支持員工在工作和生活之間取得平衡，提升整體工作滿意度。

3.11 社會公益平台
社會公益平台透過企業參與社會公益活動，實現企業社會責任的使命。這也包括了透過公益活動尋找創新解決方案，以解決社會問題。

平台以參與公益活動尋找創新解決方案，致力解決社會問題。透過設立公益信託基金，平台捐助弱勢團體，每年亦舉辦愛永續慈善音樂會，為身障朋友與弱勢團體送上溫暖的關懷。這一綜合性平台旨在推動企業參與社會貢獻，同時透過公益活動發掘新的解決方案，為社會帶來積極影響。

3.12 台企社團聯盟
台企社團聯盟是一個促進企業交流的平台，有助於推動跨行業的合作和創新。由擁有行業專業的會員組成各種社團，不同行業的企業可透過社團聯盟平台分享經驗和資源，以服務台企會員為宗旨。

代表性活動包括社團社友聯合交流會，促進不同社團和會員跨行業合作，分享經驗和動態。社長線上專業分享會，由社團社長主持的線上分享會，分享專業知識和成功經驗，提升會員的專業素養。這兩個活動強調跨行業合作和知識分享，有助於擴大企業網絡，推動不同行業的共同合作。

這十二個平台不僅是相互連結的，更形成一個完整的生態系統，推動企業在創新過程中獲得多方面的支持。例如，企業智慧學苑提供的知識和培訓可以激發企業員工的創新思維，而台企創投平台則為創新型企業提供了資金支持。員工照顧平台的良好環境則有助於提高員工的創造力和生產力。這樣的連結和運作模式使得企業能夠在創新的道路上更加穩健地前進。

作為這本書的作者之一，我深感台企會的理念和實踐為台灣企業的發展帶來了新的方向和活力。在書中，詳細闡述了台企會的三大宗旨和五大任務，以及其旗下十二個平台的相互連結。這不僅是一個深刻的企業故事，更是對台灣企業在現代競爭環境中如何蛻變的生動描繪。

透過台企會的引領，企業主們得以在「企業永續」的核心價值中找到共鳴，實現資源整合、異業合作、升級轉型，為企業打造更為持久的發展基石。同時，「員工照顧」和「社會貢獻」的兩大支柱，讓企業真正成為社會的一份子，引領企業社會責任的新潮流。

在企業創新的範疇中，我們看到台企會的使命在實踐中得以充分體現。發展企業平台經濟、促進產業合作對接、促成企業投資媒合、協助企業創新轉型、落實企業社會責任，這五大任務共同勾勒出企業創新的全景圖。十二個平台相互連結，不僅為企業提供多元化的支持，更形成一個相輔相成的生態系統，引領企業走向更具競爭力的未來。

這本書不僅是對台企會的工作團隊與會員們的致敬，更是對台灣企業在變革中奮鬥的激勵。在書寫這本書的過程中，我深刻體會到企業的力量並非僅僅來自於其生產能力，更來自於其在社會中的角色和責任。希望這本書能夠成為企業主們思考與學習的起點，引領他們在未來的道路上更加堅定、更加創新，實現企業的永續發展和社會的共榮繁榮。這是一場共同的旅程，而台企會，期許是一個引領台灣企業走向新高峰的推動者。

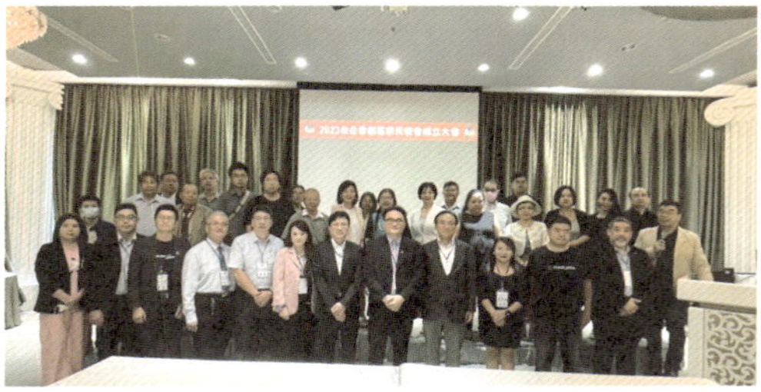

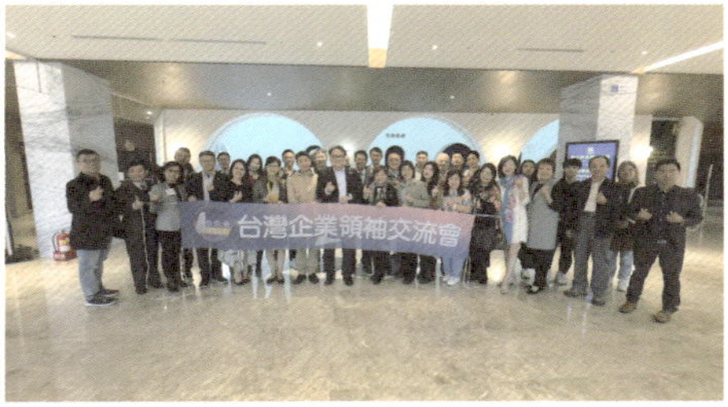
台灣企業領袖交流會

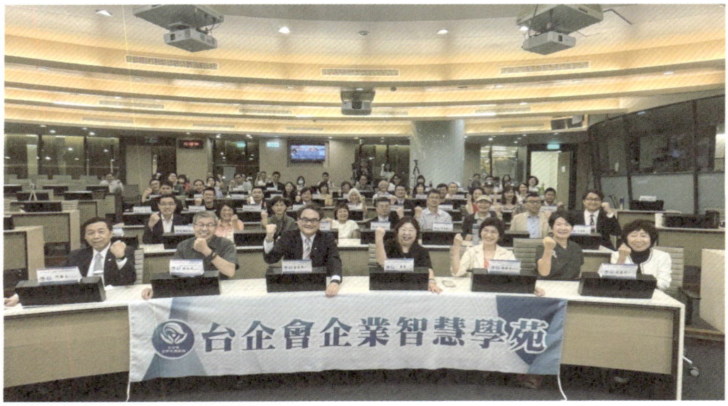
台企會企業智慧學苑

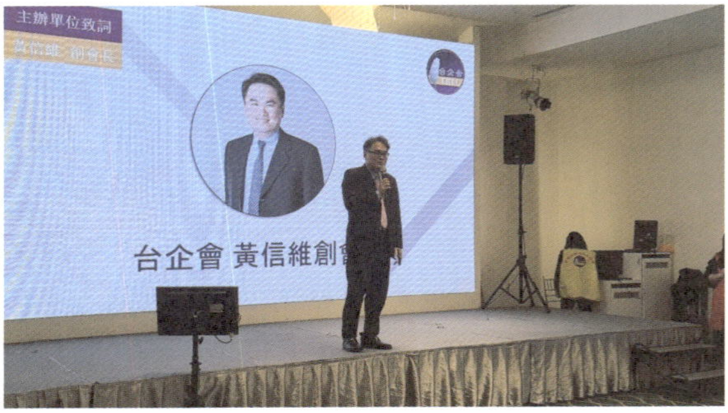
主辦單位致詞
台企會 黃信維創

健康美麗走向幸福之路
陪伴所有人健康幸福呷百二

康博集團 吳俊毅

◆康博集團 董事長
◆台灣企業產經協進會 理事長
◆亞洲大學 經營管理學系 助理教授

一切的發生都是為了更好的將來，在人們還在為未來感到迷茫的時候，我在22歲時選擇了創業。當時我從事營建業與土地代書行業，在26歲時存到了人生的第一個五千萬。那時候的五千萬，價值相當於現在的幾億資產。然而，兩三年後的投資失敗，讓我失去了所有，甚至背負了兩千萬的債務，從此沉淪或更加堅強無懼，只是一瞬間的自我選擇而已，當然，我選擇了積極樂觀的態度面對未來每一天，這段經歷，我相信是上天最好的安排，磨練出面對未來再次創業穩定正向的性格，低谷中的人情冷暖，也讓我學會了同理心和感恩一切，那段時間，一個人離開家鄉，3年無休的從事業務工作，銷售與研發保健營養品，數年後，我還清了債務，重新立定志向進入健康醫療行業，一步一步到現在的康博集團。

我曾經年少輕狂得志的風光無限，也曾幾年過著借錢吃飯繳房租的窘迫。也嘗試走出台灣發展國際事業，再一次次的真實面對自己，重新開始。回顧人生的經歷與轉折，才發現，一切的發生都是為了更好的未來。當我開始規劃幸福村時，才明白人生沒有白走的路，早期的創業過程，土地營建早已成為我的DNA，健康專業成為我的骨肉，培養同仁成長是我最熱衷的日常，所有經驗與過去，都是未來成就「善」的力量，真心為善、生生不息，成為了我的信念。

幸福村，天下無老

在有生之年，我們要在台灣蓋一百棟「幸福健康宅」，打造舒適、健康、快樂的「幸福村」。這不僅是夢想，對我來說，「打造健康幸福」一直都是現在進行式。老，是人生必經的過程，也確實需要更多的服務與幫助。少子化和社會結構的轉變，使人們擔憂老後的生活將獨

居且無助。秉持著「老吾老以及人之老」的心，我一直在思考：能否跳脫現有銀髮宅、養生村、養老院的思維與功能，提供更多的協助，讓未來的我們都能老有所依，老有尊嚴，老得幸福、快樂與健康？天下無老，我們只是年紀大一些的壯世代，目前幸福村計畫已經啟航，期許3～5年後，我能快樂地成為幸福村的「村長」。

我很感恩目前康博集團擁有的量能，能結合食品、醫療、與保健等專業，提供更細膩周全的照護與支持，讓老年人生活無憂無慮且快樂健康。在幸福村裡，年齡不是重點，幸福感才是。全方位以善為出發點，深入研究並優化日本與各國養生宅的優點，加上我們獨有的專業與服務，堅持「三去一不」的照護理念，在幸福村裡，我們可以年紀大約很自在。

幸福空間與對待是值得被複製的。日本行之有年的養生宅，有可供複製的模式，就像便利商店一樣，一間一間地開。當我確定「打造幸福宅」是我人生的願景與使命時，我們每年都偕團隊定期數次飛往日本取經，也聘請日本資深業者成為顧問，日本更早面臨高齡居住問題，學習成功經驗，將有助於未來幸福村全方位的規劃。我期待未來無論住進哪個幸福村，都能享有一樣的服務與舒適度。轉角就能遇見幸福，想要就能住進幸福裡。

互利共好－時間銀行讓幸福增值

我們幫助的不僅是需要服務的人，更是未來需要幫助的自己。除了依靠醫護人員，志工也是老年服務的重要資源。如果能改變善的線性模式，打造循環機制，那麼，就能讓善生生不息。因此，我在博士班時

提出了「時間銀行」，希望賦予行善與志工服務更大的動能與價值。時間銀行的概念是號召一批志工來服務社會，所累積的志工點數，能在未來當我們需要被服務時，優先在幸福村中兌換服務。這就像到銀行儲蓄一般，不斷累積「福報」，且終身有效。這是一種善的循環，我們所給予的幫助與善意，將在未來回到我們身上。

幸福無所不在－侯鳥計畫實現全島幸福住透透

住在哪裡都舒服，整個台灣都是家。打造一百間幸福宅是我的夢想，我會一直蓋到不能蓋為止。而且我有信心，未來有人傳承這份善願，幸福宅將會一直蓋下去，因為幸福沒有期限，且擁有無限可能。我期待全島各地都有幸福村的那一天，屆時能展開侯鳥計畫，幸福居民就能在各地居住，不需要一直待在同一個地方，更不需要忍受天候的不適，完全實踐「居住幸福」的自由。

正向樂觀，感恩善念—
「看見好」的企業文化成就好的善循環

我認為具備「看見好」的能力很重要。痛苦跟快樂都不是絕對的，當眼裡只有「好」，就沒有空間留給「不好」了。為了鼓勵同仁發現身邊的好，公司發行季刊《看見你的好》，讓大家可以分享發現的夥伴、自己與集團的好，讓更多人瞭解夥伴的優點與良善。看見別人的好，可以見賢思齊；看見自己的好，可以建立自信；看見集團的好，則更有凝聚力。因為有「看見好」的心與眼，集團帶著善念感恩投入社會貢獻，整合社會資源，陪伴弱勢族群，創造更多的「好」，未來的我們便能「所見皆好」。

打造大健康生活圈

以「健康」為發展核心，集團包括康博診所、康見國際(HC-Life)、美加醫美診所、泰晶殿、法布甜、幸福村，打造大健康生活圈，康博集團朝著成為全方位守護台灣人健康與幸福的護國神山而努力。

二十多年的時間與超過三十億的投入，我希望集團能透過專業與使命幫助所有的人遇見更好的自己。擁有好健康就是成為更好的自己最核心的關鍵，因此集團的量能與目標都聚焦在大健康管理，致力於讓全台灣人都能吃對營養品、做基因檢測，並擁有專屬的家庭醫師。來到康博集團重獲幸福健康的例子不勝枚舉。從事健康事業讓我最有成就感的是看見每個人因為集團的努力而變得更好。走進康博診所的客戶，在就診後恢復健康，找回青春活力，眼中閃著希望的光彩，走進美加醫美，恢復美麗後的自信，重新獲得新的人生掌控權，走進泰晶殿，雖然只是兩小時，身心輕鬆了，才有能量再走向明天的挑戰，康見

的營養品好幾次都進總統府頒獎,也得到世界金獎,10多年來無數健康的見證,每天看到人變健康、美麗、幸福,那發自內心的感動,讓我更堅信我們道路的正確,我們更堅定聚焦的走下去。

快樂學習之旅

我年輕時創業僥倖成功又快速失敗的經驗告訴我,要知道自我的不足,要懂得借鑑成功者的智慧,有鑒於中南部企業學習管道比較缺乏,40歲後定下了學期目標,長期每週2天左右在台北,有機會就報名課程學習,商業周刊的課程幾乎都參與了,在商周CEO的課程中也認識了很多可以人生與企業發展的知音好友。

6年前黃信維創會長的邀請加入了台企會,也接任了台經會的理事長,在黃會長的熱心帶領下,更是成立了定期學習型的私董會,擴大了企業間的彼此交流學習,也很幸運的緣份與一些大企業家近距離長期學習,感謝曾國棟老師,創辦中華智享會,匯集了幾十位上市櫃公司院士的智慧,我們集團至少40位以上的主管接受指導,學習多一小步的精神,也延伸看見你的好的企業文化。

許銘仁老師則不斷告知我們「易則易之,簡則易從」的重要性,何春盛老師持續的指點我們阿米巴的營運哲學與數據管理甚至協助我們調整各品牌經營儀表板,陳來助老師將我們幾個品牌,在疫情期間做了第一階段的整合,建立數位的基礎,不斷提醒著我們必須一動全動,節節貫通。李吉仁老師,如沐春風,簡而易懂的開始讓我們有策略思考的習慣,運用方法與工具將策略有效地執行。

汪志謙老師更是讓我們開始思考什麼是底層邏輯，從客戶為核心找到關鍵時刻，達到峰值體驗，這才是企業真正的競爭力。林永森教授與我們共同完成幸福村的基礎架構論文，未來我們也會共同推動幸福村的理念，成為幸福村的志工，博士班的莊淑惠主任協助指導我完成博班學分，更替我申請成為教授的資格。

當然還有多位的康博之師，都是亦師亦友的支持鼓勵，形成我們進步的動力。真的非常感恩一路上有這麼多貴人與智慧名師，願意協助陪伴著我們，我們一定會堅持永續成長之路。

傳承—Leader108二代企業家接班計劃

也因為幸福村這個志業，提早啟動接班傳承計劃，邀請前王品集團副董事長李森斌在30年餐飲業的成功過程後，加入我們集團成為執行長，帶領著L108計劃，所有同仁可以成為更好的自己，是我們的熱情所在。我們也堅信企業要能永續，必須做到「傳賢不傳子」，公司開放員工認股，更在上千位的同仁中選出百位人才進入二代企業家的培養，提前啟動集團永續佈局，讓認同企業核心價值的夥伴，只要透過努力與學習都可以成為康博各品牌的二代接班人，這樣我才能放心的去做幸福村的村長。

持續優化

我常與同仁分享,人生與事業,只要每天進步一點點,就是全世界最快的速度。很多時候,夢想未達成,不是因為距離太遠,而是沒有邁開腳步,朝正確的方向前進。只要確定對的方向,每天向前一小步,有一天也可以繞地球一圈。想遇見更好的自己,就跟自己比,今天的自己比昨天更進步,今天的集團比昨天更前進,讓我們義無反顧地走向這條值得的路,真心為善,生生不息!

從爭生存到定期回饋社會的創業之路

獻給非企二代、富二代找到商機想實現
夢想的微商、小企業有抱負的人士參考　　ＳＩＧ沈默是金　廖延修

◆SIG沈默是金開發企業有限公司總經理
◆社團法人中華亞太頭皮產業發展協會理事長
◆中華亞太美業國際認證機構總經理
◆台企會社會公益平台主席
◆台灣美髮人愛心協會共同創辦人
　◆台企會社會慈善基金公益信託共同創辦人
　　◆國立台北商業大學EMBA&MBA校友會　第一屆理事長
　　　◆新北市美髮美容材料公會理事長

Part 1. 創業初期篳路藍縷

廖延修（本名宗武）是來自雲林西螺鎮鄉下務農貧窮家庭；退伍後在高雄找不到適合的工作於是在1971年北上台北找到在美業髮廊從最基層的業務員的工作！從業務員到組長、主任、襄理、經理歷經四個公司及一個失敗的創業經驗；終於在1992年發現有個難得的商機-彩色染髮市場。感謝有過去的完整經驗所以當發現商機就勇往直前……

我相信女人應該不會排斥讓自己更嫵媚動人的彩色染髮；於是在1993年我不想再放棄機會了；毅然決然地離開前公司；在無任何創業資金且有負債的狀況下毅然決然創業了……雖然有風險但在太太蔡謹卉的鼓勵和支持下還是開啟了創業之路～SIG髮色調整設計染髮。

當時的環境女人對於頭髮顏色的需求只有白染黑但我認為大部分女性會在臉上塗口紅、腮紅、眼影的色彩無非是要更加美麗漂亮；所以頭髮顏色不可能只有白染黑的黑白的世界而拒絕讓女人會更增加嫵媚動人彩色染髮；因此認為是一個很大的商機。

於是1993年秋季籌劃準備；1994 正式成立 SIG沈默是金開發企業有限公司。但是要進口國際有名的義大利染膏；首先要解決產品進口的一大筆費用。當時只有創業機會來臨但沒創業本錢更沒募款或是借款管道；因此傷透腦筋；經過幾天思考下創造了向我過去的客戶說服「預收貨款的合約」；而預收了幾百萬向義大利廠家購買「SIG髮絲會好染髮調色膏」。縱然借貸款也要還人家請人家來投資，也不敢保證會成功；縱然成功了會因只佔股份而有可能會白做工……

因此也做了以前沒做過的嘗試；先向有交情的客戶預收產品合約款項；很感動的是有那麼多客戶支持我；只因為過去非常的努力服務他們以及誠實的信譽。經一段時間辛苦努力的教育；同時也得到數家連鎖店的青睞、配合；成功了跨入自創品牌的領域，能生存了，但距離穩定的階段還有距離。所謂生存穩定繁榮發展。

Part 2.跨入第30個年頭漸完成創業初心

出社會只想完成一個願望；就是要脫離貧窮，讓家裡的人能夠穩定安心立命的生活！

會創業則是在偶然機緣巧合下的決定；同時也想賺更多錢才能夠做更多社會回饋的工作…公司成立之初只有我廖延修跟太太蔡謹卉；因為沒有資金請不起人；在打拼奮鬥的前幾年還被跳票、倒會數百萬元；沒有本錢創業的他們，因此陷入急為艱困的狀況，但是我們夫妻並沒有因此而被打倒；反而更加努力越挫越勇；因此經過10多年的艱辛而生意好轉，有稍微的盈餘了。

在此時我太太向我提出是否可以幫忙一些弱勢的團體、更捐助救護車回饋社會。我力氣很開心的答應，因為我知道窮滋味；表示會走向慈善社會公益之路真是受到太太的影響。因此將近18年來每年想盡辦法撥出預算做慈善公益；10幾年來已經捐出數千萬給全台有緣的弱勢團體以及需要幫助的有緣人……廖延修總經理表示SIG沈默是金開發企業有限公司是一個小企業甚至是微型企業；資源有限的無法捐出很大的金錢；只希望持之有恆能拋磚引玉…得到更多的髮廊店家夥伴的認同…

2023～2024是沈默是金開發企業有限公司30週年，總經理廖延修表示，做公益可以很不一樣，分享愛有很多不同形式。因此，在2023年12月24日在台北市晶宴會館民權館舉辦「歲末寒冬把愛傳出去音樂會」；邀請傑出音樂家、優秀的身障表演藝術家表演；期盼能透過音樂，讓愛的力量引起社會共鳴，鼓舞大家一起支持及關心每一個弱勢團體，幫他們點燃生命希望之火焰，在黑暗中照亮前行的路，繼續前進美麗的人生旅程。

該活動假台北市晶宴會館民權店舉辦捐贈暨慈善音樂會。會中，捐贈11個弱勢團體，包括：社團法人新北市脊髓損傷者協會、社團法人宜蘭縣脊髓損傷者協會、台灣婦幼共生幸福促進交流協會、財團法人雙福社會福利慈善事業基金會、台北市肢體殘障運動協會、社團法人新北市身障適性生命教育協會、社團法人台北市視障者福利發展協會、財團法人桃園市私立心燈啟智教養院、宜蘭鴻德養護院、財團法人阿寶教育基金會、花蓮縣得勝愛奇兒學習成長協會等單位，每個單位捐贈金額為新台幣5萬至10萬。

SIG沈默是金開發企業有限公司廖延修（修哥）表示；在未來有限的時間將會更努力創造生命的意義、存在的價值；從無到有到個人能力的極限；最後盼望能夠得到老天爺的幫助能夠成立慈善愛心基金會社

團而能固定捐款給全台有緣的弱勢團體。更希望經由SIG每一店家、每一個人的力量共同散播愛的力量，讓人與人之間發起愛的影響力。

廖延 表示加入沈默是金開發企業有限公司的會員店家，公司盡能力去協助他們把業績提升、利潤增加才能夠賺錢養家；也才能夠幫助其他需要幫助的人。從2012年到2017年第一階段已經協助了數十家會員店買下店面建立小小的王國，才能夠有明天有春天永續經營的機會。

幫忙店家、幫忙業務單位才能幫忙到自己。深知這個利人利己的道理；也努力去執行10多年。因此加入SIG頭皮健髮養護的店家都得到公司協助提升店販所得的承諾；因此30年來SIG產品只有提供給受過訓練的中華亞太頭皮調理師使用！讓他們能夠安心使用；不會受到其他通路的惡性競爭；穩定的增加所得。

廖延修説「因為有您，每一天都有新的可能」；所有參與的SIG人開始不斷、持續享受「助人為快樂之本」、「施比受更有福」、「手心向下比手心向上更幸福」的快樂。SIG沈默是金每年皆以善款默默協助全台各地弱勢團體，實現右手做生意，左手做公益的企業精神。

Part 3 擺脫租屋的艱辛、夢想要用到的都要買下

創業之初只有我和太太2人在台北市中山北路二段的巷弄租個小房子當辦公室；沒有多餘的資金設備只能非常簡漏；一年多以後發覺在台北市的開銷比新北市的三重貴了25%左右，又產品越來越多辦公室的小倉庫容納不下了！

但遺憾了在1995年閏八月所跟的幾個互助會會頭都跑路；倒厄運跟著來的是被台中經銷商跳票幾百萬，本來就沒有資金創業我們；真是晴天霹靂，真的打擊讓我們不知所措；資金缺口快600萬……但還是要面對不能逃避所以當下就想到要如何開源節流～

於是我們就把公司搬到五股，是當時買的預售屋住辦大樓本來要當住家用。住家和倉庫則分別租在公司附近…在數年內倉庫搬了好幾次，住家也一樣……鎖定購屋目標；隨著時間歲月的累積、度過還債黑暗期、業績穩定成長；終於在2004年於住家、公司附近小工業區買了四層樓的電梯透天廠房；一二樓當倉庫、三樓當辦公室及產品整理部；四樓包裝材料倉庫。

但在努力執著於美業的不斷開發新的消費技術項目下～從彩色染髮、頭皮調理、虹膜調理、營養食品身體調理、臉部護理；搭配效果很好的產品、電腦頭皮皮膚虹膜頭髮檢測系統、增氧負離子淨化機等等。很感謝有太太蔡姐的專業教育訓練，應用課程的傳授給會員美髮師；也帶動公司產品業績的成長。

經過幾年的光景,公司倉庫早不夠用了,尤其在農曆年前需要容納五、六個貨櫃;因而在外面租倉庫,但這樣管理不方便!因而委託許多仲介幫忙在三重區靠近公司住家附近找地坪有300坪左右的獨立房子;歷經五年多看過許多房屋;終於在現今公司的地址看中意了。一樓是倉庫,前半段平時是停車場貨櫃來時是卸貨區;2樓全是倉庫、3樓辦公室及產品包裝區、4樓教育中心跟同仁運動中心共近千坪;是目前的總公司理想據點!

在2005年在台北車站後火車站重慶北路一段購買台北市的教育訓練中心;因五鐵共構方便全台的店家老闆來上課;2014年在新竹科學園區附近的新莊火車站前面關心路上買了新竹教育訓練中心方便竹苗地區的店家上課;在2016年與高雄建國三路買了教育中心,也方便高雄區的學員來上課;2023年在台中文華高中捷運站旁購置了教育訓練中心;是全台最專業的頭皮健髮養護教室,也導入綠裝修認證帶入ESG,E的概念!從租屋設據點到購置所有據點;提升店家學員服務的品質。有夢最美,希望相隨逐夢踏實;花費近20年時間完成拼圖!

Part 4 創意枯竭2017進入國立台北商業大學MBA產碩班就讀充電期許得到新的創意

在2017年當腦筋用盡創新創意;江郎才盡時候;於2018年剛好有機會就讀台北商業大學產碩MBA班,充電再續下一階段的夢想。果然找到了商機;在就讀的時候學到如何建立共享經濟平台;於是立即和一群志同道合的醫師、護理師、科技大學講師還有美業顧問師等人申請成立「中華亞太頭皮產業發展協會;在2019年9月11成立大會;感恩張瑞

雄校長為我披上理事長彩帶；當晚產官學及中國大陸的夥伴還有近十位科技大學校長出席蒞臨道賀、熱鬧隆重！也打響了台灣一個內政部核准的頭皮產業協會；奠定了臺灣頭皮產業的領導地位！

到目前為止,本人絕對相信我們所培養出來的「中華亞太頭皮調理師」是全台甚至全亞洲最專業的頭皮健髮養護師！到2024年6月底止目前已培養出1000多位的中華亞太頭皮調理師遍佈全台灣；馬來西亞以及中國大陸也有不少人取得中華亞太頭皮調理師的證照。今年2024年9月26號將會擴大舉行中華亞太頭皮調理師受贈典禮寄把愛傳出去慈善公益音樂午餐會！屆時將會空前的熱鬧；也將把ＳＩＧ頭皮健髮養護以及不含氨ＰＰＤ彩色染髮。

沈默是金在1993看到彩色染髮而創業；經過30年引進不含氨、PPD有害物質的SIG髮絲會好前衛調色膏,提供給專業店家使用在講究品質的消費者。在2023年8月我有幸被推薦為「國立台北商業大學企管系EMBA 暨MBA校友聯誼會會長」；我認為把校友會向內政部申請成為全國性的正式社會團體將更有代表性及凝聚性。於是在葉主任的全力支持下經過七個月的努力終於在三月份通過；五月份取得校友會及理事長紙本證書！未來將更進一步回饋學校服務校友發揮校友會的功能！

走過生存穩定繁榮的階段；體會到企業如果要不被淘汰,只能不斷地創造被需求的價值！在充分規劃下未來自己和家人能夠衣食無憂下；就要不斷地回饋社會幫助需要幫助的人,不管是物質上或者是精神上；創造生命的意義和存在的價值。

中華亞太頭皮調理師授證盛典

太平洋毛髮科学研修会
～第三回 親和クリニック植毛学術講座～
SIG頭皮建髮團隊
出國參加
日本東京親和醫院頭皮・植髮課程

國立臺北商業大學
企管系EMBA暨MBA校友會

FACEBOOK　　LINE ID　　YOUTUBE

創業思緒與甘苦
叡揚資訊 張培鏞

◆叡揚資訊股份有限公司 董事長兼執行長
◆台灣數位科技與政策協進會 理事長
◆財團法人資訊工業策進會 董事

幾年前，我參加了清華創業日的座談，當時一位年輕的創業家分享了他的心聲：「我從沒想到創業如此辛苦，幾乎沒有假日」，輪到我這位資深創業者發表看法時，我表示：「恭喜你能這樣説，這意味著你的公司還在運作且有機會持續壯大。」確實，對於創業家或公司領導人來說，完全放空對公司的思考是一件不容易的事。

第一個工作的影響

年輕時就讀資訊工程，那時候學校老師總是強調軟體的重要性。畢業後，進入了台北榮總，參與開發榮總的資訊系統，透過這個工作，也見證了資訊化帶來的巨大變化。醫院的掛號大廳、診間、批價與藥局由亂哄哄的狀態逐漸變得較為井然有序，這讓我深深感受到資訊化的力量，不再只是從書本中模糊地了解，而是實際體驗到它的威力。

猶記1981年畢業前幾個月，榮總資訊室主任高耀基親自到清華大學，告訴我們榮總即將展開更大規模的資訊化計畫，並希望我們能夠加入。當時資訊相關畢業生有許多選擇，然而高主任告訴我們，榮總即將擁有當時全台灣最大的電腦，只要我們為榮總努力幾年，未來轉換工作時他絕不會阻撓。

因此，我們班上有好幾人選擇加入，在榮總我們也見到來自其他頂尖學府的畢業生，可見即使人才難找但也是事在人為。值得一提的是，為了提高工作效率，高主任付出了不少努力，與院內上級長官和單位溝通，使一些職務的人無需打卡簽到。這是我人生中的第一份工作，這些經驗對我後來的創業生涯有了重要的啟發，例如：

1. 從中我看到了設計能夠將組織運作建構在軟體系統上的力量。透過這種方式，人員可以自然地遵從規範，並快速掌握工作方式。系統上的資訊也增加了溝通的便利和即時性。同時，因為能夠累積大量的資訊，也才有了今天大家經常談論的大數據分析。

2. 在1987年公司成立之初，我們就不需打卡，且每週只需工作五天。在當時（禮拜六都還要上班上課），這種工時安排幾乎只有外商公司才會有。

活著才能談未來、找方法與建系統

1987創業當時，台灣正處於一個買硬體送軟體的時代，即使幾年後當PC市場興起，在光華商場與夜市都找得到盜版的大補帖。儘管明白企業經營所需的軟體至關重要，但創業時對於要開發哪些應用軟體能夠生存下來並沒有明確的方向，然而卻意識到在當時IBM主機上缺乏開發系統的生產力工具，因此設法找了一些IBM主機上的生產力工具引進台灣，當時還得說服國外公司，我們會好好保護產權，杜絕盜版的問題產生。

踏出這第一步是正確的，業務也逐漸展開，由於無須進行產品研發，我們能夠獲得一些利潤，後來客戶找我們開發專案，卻也將這些利潤都吃掉了。幸運的是，公司的股東也就是我們這些創業夥伴和員工，大家長期抗戰堅持到做出幾個對客戶很有價值的應用系統，例如公文管理、協同知識管理、人資系統、客戶關係管理等。

在創業初期，回憶起白天奔波於客戶間，晚上則學習如何使用和安裝

這些軟體,甚至帶著「磁帶」到客戶家親自安裝,而當客戶經測試滿意後買單了,合約卻談不攏,客戶說:「花了這麼多錢為何只有『使用權』沒有『所有權』?」 這又是一段溝通折騰,最後在交付和驗收時,一再面臨新的挑戰,客戶質疑為何所交的貨只有磁帶與幾本書,認為「磁帶」這麼貴,是不是磁帶裡面還鑲有金粉!?想一想當時的叡揚投入相當資源於台灣軟體的社會教育。

我的創業夥伴也利用晚上時間動手開發名片管理系統,蒐集客戶名片與相關資訊於系統上,讓我們持續累積客戶資訊並方便協同合作和一代接一代地交接,讓大家依著資訊透通了解跟客戶互動狀況與進展,及避免人員異動導致客戶流失,這也成為我們日後延伸發展客戶關係管理的基礎,也就是現在的Vital CRM客戶關係管理。

專注、理念與堅持

創業的過程相當辛苦,特別是在一段很長的時間裡,也發現軟體行業的銷售非常困難。在這個時候,我的創業夥伴開始考慮網路卡的銷售,還好經溝通後夥伴放棄這思緒,如果當時我們選擇了這個方向,叡揚今天就不會有現在的樣貌了(不會是純軟體公司,可能就會變成系統整合廠商),畢竟人或組織總是會往甜蜜點傾斜的!

叡揚人的堅持,一直以來不僅僅是在軟體領域上,也堅持守法與心口如一的ISO精神,這樣做可以避免因違法行為而產生的諸多困擾,也避免一些無生產力的掩飾行為。這樣的堅持也變成往後公司導入軟體能力成熟度模型CMMI,或是資安與個資或是服務品質認證的ISO各類系統,下決心紮實落地作,讓所投入的努力落實成長,長久下來這也

變成公司的文化與生產力。

去年我們請公司所有高階主管研讀討論由詹姆·柯林斯(Jim Collins)所著的《恆久卓越的修練》一書；個人於1995年接觸到Jim Collins的《基業長青》中文版後，深受啟發。書中提到能基業長青的公司基本上具備其核心理念和公司文化，當公司面臨困難時，共同的文化使得大家能夠溝通並且有相同理念作為依據，一起努力渡過困境。

永續的概念並非今天才出現，在我年輕時就常會聽到永續這概念，因此在讀完《基業長青》後，我與創業夥伴一起探討公司的核心意識，歷經幾回徹夜討論，我們確立以下的核心意識：

1. 追求員工、顧客、公司的共同成長，並回饋與奉獻社區。
2. 提供資訊科技及服務以解決問題，並提高工作及生活之方便性。
3. 誠實與正直地追求利潤，同時堅持利潤須來自於對社會有益的工作。

這核心意識在大家談永續與ESG的今天顯得特別有意義，這核心意識也引導著叡揚人在過去一路上走在健康的文化與行為上，也讓我們始終堅持在軟體與以軟體／數位解決工作上方便性與效率的解決方案。

GSS 叡揚資訊　VITAL

協同企業轉型創新　永續發展
數位・淨零・智能・整合

瞭解更多資訊
免費試用 30 天

客戶經營 協同管理

VITAL CRM　客戶關係管理
掌握客戶關係，創造長銷效益

VITAL BizForm　智慧表單
企業表單在雲端，設計、簽核好快速！

VITAL Knowledge　協同知識管理
企業雲端知識工作圈，智能搜尋、推薦

VITAL CMP　驗證管理
落實合規貫穿組織，輕鬆準備稽核作業

VITAL OD　公文管理
即時線上辦公文，與政府溝通更順利

基礎營運 高效管理

VITAL HCM　人力資源管理
考勤計薪易上手，法規遵循不遺漏

VITAL Finance　財務會計管理
財務即時管理，企業決勝零『帳』礙！

VITAL NetZero　零碳雲
數位管理碳盤查，輕鬆獲取認證
ISO 14064-1、ISO 50001、ISO 14067

碳盤查 淨零排放

vitalcrm@gss.com.tw
雲端產品客服專線　02-2592-6609

從專利變現到創業陪跑人：
善用智權，創造倍增共贏

陳雲逸

【學歷】
中華大學 科技管理學系 博士

【現任】
・灃郁智權集團 執行長
・柏豐商務智權股份有限公司 董事長
・深圳乙沣知識產權管理有限公司 董事長
・台灣企業領袖會 企業經紀人
・台安傑天使創投顧問股份有限公司 天使投資人
・台灣國際商貿協進會 第一屆常務理事
・新竹科技產業協會 第七屆理事

官方LINE帳號，
加好友送折價券

臉書粉專，歡迎互動交流

「專利」、「智慧財產」對一般人來說是有魔力的字眼，但事實上一但成功申請了專利，如果不能把它變現，除了每年付出沉重的專利金，許多企業主是看不到它的收益的，也往往為之卻步。

但如果有一個平台能媒合技術擁有人、技術需求人及投資人，讓好的技術真正有一個出口能走到應用端，為企業帶來階段性的成長和進步，甚至讓研發能回饋社會，間接幫助企業達到ESG永續經營的目標呢？

我在做的工作就是提供智慧財產權的分析規劃與佈局，到取得權利之後的商轉，最後協助企業思考如何去改善它的E（environment，環境保護）、增進它的S（Social，社會責任），讓它的G（governance，公司治理）做得更好。

我所看見的未來：科技預測與專利申請

我一開始是學科技管理的，碩士論文的內容是專利鑑價，博士論文則是運用專利的指標去做上市櫃公司股價的領先指標方程式，可以說我一直在研究的，就是如何讓智慧財產權更價值化。

申請專利只是一個開始，但它的目的絕對不是申請專利這麼單純，而是我花了錢、申請了專利之後，我能夠拿專利來做什麼？這往往是一般有專利的人最大的痛點，因為他只做了前半，就是花錢申請專利，發現每年都要繳專利的年費，卻完全沒辦法用到專利賺到錢，更不知道如何使他的專利更有價值，因為他在申請的時候根本沒有考量到這件事。

一開始我是在科學園區裡面工作，因為進修學習到科技預測。我發現，靠專利分析可以去理解這個科技未來會如何發展；就靠著專利的一些資訊，可以判讀哪種技術未來十年的發展趨勢，它如何而來、將走向何方……所以我後來就對這個領域很感興趣。

因為我不是一般這類事務所出來的人，我是先會做專利分析，才進專利事務所去學怎麼寫、怎麼做專利工程師，寫專利說明書幫人申請專利並送到智慧局。也因為我懂專利分析，所以在寫文件的時候，我會一直思考，為什麼我只能針對客戶給的技術寫，而不是站在專利分析的角度去幫他設想，這技術未來會有什麼樣的應用、將來會有怎樣的機會點，然後幫你寫到文件裡呢？因為如果獲准了、取得專利權，它就有一個保護範圍，如果我沒有從一開始申請，就去設想到它未來的價值，那等到這個專利下來，它等於根本沒價值，因為他當時寫的方向就不對了。

因此每次在寫專利，我都加入專利分析的概念，久而久之，好像跟事務所的同事跟主管就有點觀念上的格格不入。等我大概學會基本怎麼寫專利之後，就到企業裡面的智權部門去做專利工程師，從一個幫人家寫說明書的人，轉換成叫人家幫我寫的人。

會開始創業也是因緣際會。離開了原來的公司後，前老闆來找我，說他要開始做專利布局，並鼓勵我創業。

融入經營者的思考模式，不閉門造車

我在企業裡擔任專利工程師的同時，還兼董事長秘書，有機會跟在董事長身邊學習，了解一個經營者都在思考什麼。後來我才發現，為什麼我為這間公司做了一個專利分析、我建議公司未來該發展哪一些技術，老闆不定會聽我的，因為董事長要考量的不是只有抓住這個機會點，更重要的是公司整體財務面的規劃。

那時候理解到，其實「專利」在企業經營的角度裡，它也許很有價值，卻首先會成為企業的經濟負擔。布局應該要有一個時間軸的概念。

正因為有最後那段工作經驗，我忽然間醒悟，如果我只是站在很單純的專利服務角度來看事情，就會忽略一個企業主應該要做的全面考量。所以後來創業，就會很站在企業的角度去思考專利佈局，在經濟的考量下我們可以怎麼把時間軸拉開來，而不是一開始就做滿。直到近年，我們公司把業務觸角伸向新創投顧問服務，也是這個原因。

正因為這樣的成長歷程，我們知道新創更需要全面性的照顧，而不是只跟它說專利申請很重要、做全球的布局……應該要去陪伴新創企業成長，然後慢慢的，比如說先試幾個國家、接下來做什麼，然後募資、再布局到全球……開始有這種跟著企業一起成長的全面佈局、規劃建議的能量湧現。

媒合與雙贏：放大中小企業的能量

大家可能想不到，這一行很有趣。我們遇到的每一個客戶類型不一樣，比如有一些是純粹做研發，他很有創新、創意，可是可能沒辦法商品化，申請了一堆專利之後一直繳年費，但產品還沒做出來，無法將專利變現。我們要做的就是幫他銜接這一段，比方找一個可以幫他實現商品化的人或廠商，直接去做授權，等到東西生生產出來、賣出去了，他再收權利金。廠商因此有新產品可以賣，而申請專利人則有了收入，不用再額外花錢去為建廠、生產產品，前期的一些物料費、製造費、人工等等苦惱。

我們服務的產業類型也非常廣，有設備、製造類，或是想要升級轉型的傳統產業。像是傳統的大型製造工廠，它打算轉型智慧工廠，會加入很多現有的科技在它的舊機台上，或者用舊有的機台去做原地升級，讓過程數位化……工業化、無人化、自動化，諸如此類，只要有運用到技術含量，我們都有辦法幫他規劃成專利的保護，讓他第一、賣產品的時候可以告訴客戶，「我這個有專利，所以你只能跟我買」，或這個專利就代表我的技術更高人一等，同樣是老舊機台，我有別人沒有的專利，代表我更創新。所以專利還有一個好處，它可以應用在行銷面，對產品的行銷也有幫助。

我們還協助中科院、工研院這些研究型單位做專利分析，這也是為什麼我們有辦法這樣一路走來，而且真的可以做到既深且廣。做了專利分析就會知道，現在這個相關技術領域裡面已經專利申請到什麼程度、技術發展到什麼程度，還有哪些地方可以再去做研究與分析，再申請專利。這有一點類似產業分析，只是專利分析研究的是技術的發展

，去幫大家找出機會點，並給予較正確的專利布局與規劃。所以，當我真的寫一篇專利規劃，就等於我實質上替他規劃好專利的範圍了。而且我們還不是只有規劃跟建議，而是真的去幫他做。比如說我寫了專利說明書，跑申請的所有流程，取得專利權後它權利的範圍到哪裡、它保護了哪些產品；如果我保護了一個產品，那其他人為了要生產它，紛紛來找我做授權……這就是我想要替客戶爭取的。

陪跑兩條龍服務

依照工作範圍，我們就「智慧財產（IP）工程」與「新創企業陪跑」，各規劃了一條龍服務。針對智慧財產權一條龍的服務，包括了「分析、布局、運營、維權」。

「分析」就是判讀機會點、哪一些專利更有價值，以利往有價值的地方去做布局；待取得權利後，再協助你做運營與維護，即從商業上做媒合、授權，直接透過這種商業上的交涉，使你有公司獲益。

維權就到了利用法律的強制性，但我們希望能從商業的角度，大家一起共榮，不要走到我透過法律面去告你，讓你害怕。除非市場上已出現大量仿冒，我們才透過維權去抑制這些仿冒商的壯大。

因為我們也都有定期開課，很多人來上課之後就發現，我們真的是他需要的服務，因此「新創企業陪跑」的服務落實在「分析」 就是「啟動與戰略」。我們陪伴他從公司登記開始，在專利分析或是市場的交叉分析後確認機會點，或哪些領域更有價值，如果你的新創往那個地方先靠攏，就可以縮短花錢的時間，盡量很快地拿到第一筆訂單。

接著,我們走向「市場與發展」,確保你成立後,技術、產品跟市場的發展一定能掛勾,以確保產值與效益。爾後,在「運營與財務」是非常重要的環節,我們真的遇過太多,因為對財務報表的不重視,導致投資人卻步的例子。

當企業要走募資時,它的財務一定要提前規劃,不然他在擴張跟募資會碰上很大的困難。最後,就是「擴張與募資」;我們有一個安捷天使投資單位,自己也是天使投資人。透過了解這些天使投資單位的評估標準,我們才有辦法回過來、告訴新創該留意那些重點。

新創企業陪跑服務

創業前的啟動與戰略擬定
協助團隊進行技術盤點、spin-off評估、團隊人才支援、組建與團隊功能性健檢,創業前的啟動與創業戰略擬定。

市場與發展

整體運營與財務規劃
新創企業初上軌道後,整體運營與財務規劃更顯重要,協助建立良好的財務體質,有利於下一步的發展。

擴張與募資

啟動與戰略

技術、產品、市場發展
協助進行技術商品化、產品與市場發展規劃、建立商業模式,同時加強產品智財保護、加值與活化、海外發展策略與分析、品牌與行銷規劃。

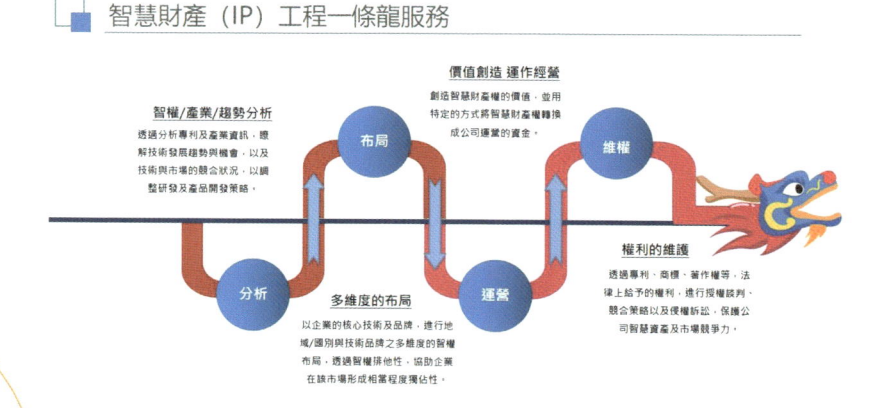

運營與財務

成長擴張與募資
當擴大營業規模時,協助籌資規劃、技術鑑價與公司估值,同時規劃種子輪、天使輪、VC輪的募資時程規劃與股權規劃。

智慧財產(IP)工程一條龍服務

智權/產業/趨勢分析
透過分析專利及產業資訊,瞭解技術發展趨勢與機會,以及技術與市場的競合狀況,以擬整研發及產品開發策略。

布局

價值創造 運作經營
創造智慧財產權的價值,並用特定的方式將智慧財產權轉換成公司運營的資金。

維權

分析

多維度的布局
以企業的核心技術及品牌,進行地域/國別與技術品牌之多維度的智權布局,透過智權排他性,協助企業在該市場形成相當程度獨佔性。

運營

權利的維護
透過專利、商標、著作權等,法律上給予的權利,進行授權談判、競合策略以及侵權訴訟,保護公司智慧資產及市場競爭力。

灃郁智權的精進，是為了以您的事業成就為榮

這些就是灃郁智權一路走來，持續與企業協作並不停精進的服務範疇。我們由衷希望可以成為創業企業家的神隊友，期盼彼此共贏的不只是一份專案，而是長長久久的共贏。

我很榮幸，這些年我們的努力不僅讓市場看見，也真正為許多企業創造倍增的價值。每當企業主向我道謝、對我的團隊表示肯定，甚至問該怎麼答謝我們的努力付出？我始終都是回覆：「期盼你們在所熱愛的事業領域發光發熱，這就是給灃郁智權最好的回報了！」

勞資共識與人才孵化：
從顧問經驗到管理實踐的雙贏之道
謝雅竹 謝淮辰

勞資顧問 謝雅竹
金豐企業管理顧問股份有限公司 執案顧問
美青國際實業股份有限公司 營運長
臺北市中小企業榮譽指導員（企業服務志工）
經濟部中小企業處第27屆財務管理顧問
BNI雲榮分會 勞資顧問
國立臺北大學 會計系碩士

勞資健保站
完成報名課程輸入
優惠代碼"Mp2000"
免費兌換限量今周刊

淮辰先生YouTube
一定要知道~
勞動事件法7個重點~

建立勞資共識、創造共贏價值的顧問之旅

我擔任實際深入走訪企業、依各產業樣態需求提供個別需求規劃的顧問，提供企業勞動法務諮詢及顧問輔導，亦第一線協助企業和員工達成勞資共識，至今已超過5,000人次！作為一位勞資顧問，我深知勞資關係對企業的重要性。日本經營之神松下幸之助說：「企業最大的資產是人」，可見在經營管理上人才對於企業的重要性，不當管理可能導致人事成本增加和失控，以及勞資爭議的產生，進而影響企業的營運和競爭力。

爭議預防為首
符合勞動法令只是基本門檻

勞動相關法令近幾年來頻繁增修訂，造成企業在過去、現在以及未來，會因為不了解法令需要支付龐大的代價。這包含各個主管機關的罰鍰、社會保險投保不足的差額，或是員工對於過去在職期間所有未達法令標準的損失計算；在未來隨時可能對公司求償的風險可能超乎企業的想像。勞動事件法上路也大大敞開了讓勞工申訴及檢舉的管道及門檻。合法合規是企業站得住腳的基本要件。

打造友善職場及安全的工作環境

照顧員工的身心健康、打造平等、開明以及沒有性別歧視的職場生態，依法規定期為員工進行健康檢查、預防職業傷害措施與降低健康影響因素，照顧員工們身心靈上的健康，讓員工們保持愉快的狀態能夠大大的提升工作成效及提升企業對外形象。企業的硬體設施也必須符合勞工安全衛生法令規範，並設勞工安全衛生主管與專業證照人員定期舉辦相關教育訓練，加強員工對於危害預防的認知能力及降低危害發生的機率。

共識建立為重
合宜的的勞動條件及管理辦法
依據各行業的經營型態、工作特性，將工作時間、休息時間、休假性質、工資、津貼及獎金、紀律、考勤、請假、獎懲及升遷、受僱、解僱、資遣、離職及退休、災害傷病補償及撫卹、福利措施等相關事項制訂合宜的勞動條件及管理辦法，使勞資雙方都能有所依循，也能夠有客觀公正的評核機制，以避免劣幣驅逐良幣趨逐良幣、同工不同酬等狀況。

暢通的溝通管道及經營和諧的勞資關係
企業應提供員工表達對公司之建議及申訴辦法、暢通多元的溝通管道、並確保員工的需求及訊息能夠順利表達，以及每季召開勞資會議，由員工選任出的代表與公司指派代表，協商勞資權利義務及促進勞資合作。勞資關係必須和諧、共享、雙贏，員工和企業共同成長才能夠再創高峰！在還沒有爭議的時候，早一步採取強化勞資關係的策略。

人才永續為本
健全員工教育訓練及考核制度
員工是公司重要的無形資產，透過教育訓練培植員工好的能力和對的態度，內化並實踐在職場及生活上，有助於組織在推動永續經營上事半功倍。在勞動法令趨嚴、勞工意識抬頭以及人力成本節節高升的衝擊下，企業留下優秀的「人財」、善用「人材」、再適時的「人裁」，才能讓企業增加競爭力。如何讓一群「對的」員工和公司長期合作，是企業實踐永續發展的關鍵因素。

架構有願景的企業藍圖
麥肯錫(McKinsey)：未來企業將陷入「人才戰爭」(the war for talent)人才的爭奪與保留。隨著社會的不斷發展和變化，勞資關係也在不斷演變。2025年台灣即將邁向超高齡社會，企業面臨勞動力與人才的雙重短缺，在這個人們工作已不只是為了經濟需求、而是愈來愈重視精神、生活品質與勇於追求夢想的時代，願景是使企業長存、員工長留，面對外在環境的變化及挑戰還是能不斷推進的秘訣。

未來願景
終身學習和提升專業能力是我永不間斷的日常，我將不斷探索、研擬新的方法和策略，為客戶提供最適合的解決方案。過去我成功化解了許多勞資糾紛，且在客戶的託付之下進一步幫助企業實現了工作效益的提升和員工的滿意度提高。客戶的見證、信任和支持是我往提供更加全面和專業服務前行的動力！

68

三大關鍵打造人才孵化器，快速打造自己的團隊

我是勞資關係顧問謝淮辰，把「人才招募」當作生產流線規劃。在現今競爭激烈的商業環境中，企業的成功不僅取決於產品和服務的質量，更取決於擁有一支強大而高效的員工隊伍。人才是企業最寶貴的資源。然而，如何發掘、培養和留住這些人才，成為每一位企業管理者必須面對的挑戰。

2016年10月，我去了中國上海考取勞動協調人證照。在上海的第一片雪花見證下，正式踏入這個領域。在短短兩年裡，經歷風暴式洗禮，從大連到昆明，並獲得在地人的肯定。有人可能會好奇，在中國每個省份都有獨立的法規見解，為什麼我能應對自如？因為我掌握

引用：國家憲法日，同安工會
"全省首創"專案交成績單 – 搜狐網

了勞資關係管理的法門，這些關鍵內容需要專業老師指導、系統化訓練與勤奮學習才能達到。為了讓您在企業經營的道路上避免不必要的麻煩，我將自認含金量最高的重點與您分享，提升企業競爭力，實現長期穩定發展。無論您是企業管理者、人力資源專業人士，還是希望在職場中自我提升的員工，這些方法和策略都將為您提供實質性的幫助和啟示。作為一名勞資關係顧問，我深知建立一個有效的「人才孵化器」對於企業的長遠發展至關重要。這是一個龐大的系統工程，需要精心策劃和確實執行。讓我們開始吧！

第一章：明確招募-定義人才的標準

在激烈的市場競爭中，找到合適的人才是企業成功的關鍵。僅依靠傳統的招聘方法已無法滿足現代企業的需求。企業需要系統化地定義招聘需求，將願景、使命和價值融入招聘過程，以吸引適合企業文化和長遠發展的人才。

企業的願景、使命與價值觀是企業文化的核心，決定了發展方向和行為準則。將這些元素融入招聘過程，不僅能吸引與企業有共同理想的人才，還能提升招聘的有效性。明確招聘需求，列出所需人才的職責、技能、經驗和其他要求，確保整個招聘過程的透明和高效。

第二章：精準篩選與專業培訓

在篩選和評估候選人時，企業應結合候選人的背景、技能和價值觀進行全面評估。行為面試和情境模擬是兩個有效的方法。例如，詢問候選人"請描述一次你在工作中遇到的重大挑戰，你是如何解決的？"這樣可以幫助面試官深入了解候選人的思維方式和解決問題的能力。企業應注重候選人的價值觀是否與企業的價值觀一致，確保招聘到的人才能融入企業文化。

招聘到合適的人才只是第一步，更重要的是通過專業的訓練和發展計劃，幫助他們提升技能，適應企業環境，實現共同成長。入職培訓包括企業文化介紹、工作流程講解和基本技能培訓，幫助新員工快速了解企業的運營模式。持續的技能提升計劃，如專業技能、管理技能和領導力培訓，能幫助員工在工作中不斷提升能力。企業應幫助員工制定職業發展規劃，明確目標和發展路徑，提升工作積極性和忠誠度。

第三章：統一考核與內部安置

科學的考核體系是確保員工工作表現的重要手段。企業應根據不同職位和工作內容，制定明確的考核標準，確保考核的公平性和客觀性。考核方法應多維度，包括定量和定性考核。定量考核可通過數據和指標進行評估，如銷售額、完成項目數量等；定性考核則可通過上級評價、同事評價和自我評價進行，評估員工的工作態度和創新能力。考核後應及時與員工反饋，指出優點和不足，並提供改進建議。

將員工安排在最適合他們的位置上，是充分發揮潛力的重要手段。企業應通過定期訪談和評估，瞭解員工的能力和興趣，幫助他們找到最適合自己的位置。提供彈性的職位調整機制，根據員工的發展需求和企業的運營需要，進行職位調整和輪換。鼓勵員工多方面發展，提升綜合能力，增強企業競爭力和創新能力。

總結：人才是企業的核心競爭力

企業的成功與否，人才始終是最關鍵的因素。通過系統化的三大關鍵步驟——明確招聘需求、精準篩選與專業培訓、統一考核與內部安置，企業能夠打造一個高效的「人才孵化器」。這不僅確保每位員工都能在合適的位置上發揮最大的潛力，更能提升企業的整體運營效率，為員工的職業發展提供堅實的支持。

如果您渴望進一步了解如何在您的企業中應用這些策略，或者有任何勞資關係管理方面的問題，歡迎隨時與我聯繫。我期待與您分享我的經驗和見解，幫助您在競爭激烈的市場環境中，實現企業和員工的雙贏。我們攜手並進，共創更加輝煌的未來！

邊廚魚倉
CAFE / SELECT
LOCAL CULTURE
職人背影.頭城縮影
頭城職人故事展
3.17-3.27 2023
10:00-17:00

2023
勞資
法遵教育
ESG企業永續經營

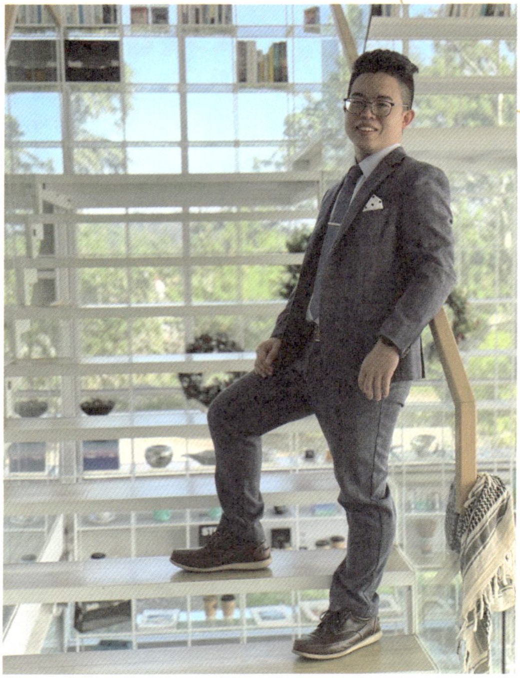

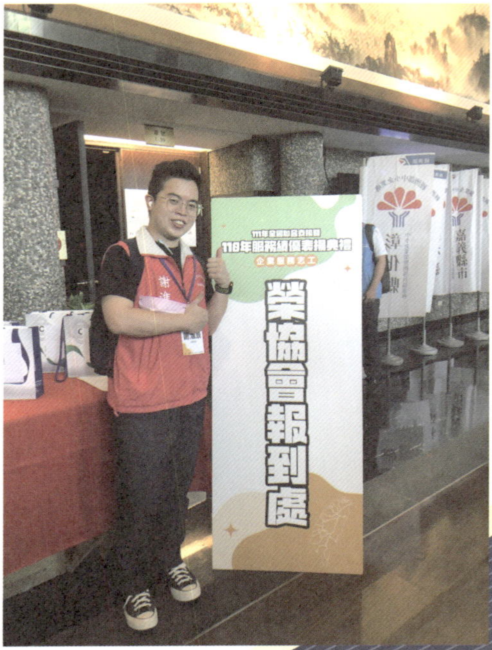
110年服務績優表揚典禮
榮協會報到處

人類面臨AI 成功或是失敗
法律業評析
吳威廷律師

◆國立政治大學公法組碩士
◆台北律師公會法治教育主委
◆台北市政府與民有約律師
◆中國科技大學兼任講師

行業門檻—取得證照是自立的根本

進入法律業界，執業證照的取得是自立的基本需求。而要取得執業證照，必須是法律系畢業或修滿經主管機關認可的學分，才有擁有報考資格。因此，傳統第一關的門檻會是能否進入法律系或是雙修法律系，在目前學士後法律研究所普及的狀況下，即使非法律系畢業生，也有機會取得執業照照的報考資格。

不過，取得報考資格不代表可以通過執業考試，潛心苦讀是必須的。因此，以往在大學圖書館待到半夜閉館才離開的，多半是法律系或會計系的學生，此由桌面上擺放的法典或計算機即可一目了然。另外坊間也有相當多輔考機構，若想進入這個業界的有志之士，不妨也可以接受輔考機構的協助。

筆者在此提供通過執業考試的心法，就是要認清考試不是做學問，不能用做學問的方法來準備考試，這樣會很挫折，會考到懷疑人生。考試就用考試的準備方式，先求能通過及格線，不求要考榜首，這樣才能快速進展到下個人生進程，否則會一直被卡關，人生計畫整個往後拖延。法律系學生的宿命就是要能通過執業考試，所學的才有辦法成為吃飯工具，否則就只能成為好意施惠的法律常識推廣。

同時，在大學時期，也不時聽到法律系情侶未能同時考上，最後分手的故事，只能說感情無所謂對錯，若真的想走法律業界，就打定主意盡快考上，掌握自己人生。

行業發展心法—
以自主學習、勇氣展現、團隊合作構築長城

通過了執業考試,接下來才是真正挑戰,學校所教導的遠遠不足執業所需,此時自主學習能力就顯得很重要。不但要能追上前輩已拓荒的腳步,還要能跟上新知。有種上跑步機的感覺,如果速度較慢,那就是所謂被生活拖著跑;如果能跟上速度,那也是埋沒在生活之中;如果能加快速度,那恭喜你,此時才有主導生活的能力,只是要不要再更進一階速度,就看個人是否要挑戰下一階。

此時勇氣的價值就展現出來了,不進則退的道理大家都懂,但若向前的這一步沒踏穩,很可能整個人就摔倒,也有可能從此就爬不起來,過去的努力就白費了,這樣的風險有沒有勇氣承擔?如果一切都可以天道酬勤就好了,很多我們都是挑戰未知的風險,成功了,恭喜你可以在這個領域插旗,法律領域正是靠這些勇者不斷挑戰而進步,只是,您有沒有聽過失敗者的名字?似乎沒有,因為失敗了,可能就從此消失。

接下來又要繼續問,那有沒有甚麼可以避免失敗的方法?有的,一個人會有盲點,一群人其實也是會有盲點,但比一個人的盲點會少一些。而這一點點差別,可能就會是成功或失敗的分界。一個人也許走的快,但一群人才能走得久,如果想把事業做大,那就一定要建構團隊,要打團體戰。單打獨鬥的時代已經過去,雙拳難敵四手這道理大家都懂,因此不單是擴充自己團隊法律領域的多元性,更需要結合不同領域專長,如此才能提供完整且全面性的服務。

筆者所創辦的日熙法律事務所，除匯集不同法律領域的律師外，更與會計師、專利師、地政士等專業人士結合，並且會有固定法律報告，讓每位律師聽取其他律師觀點，一起討論一起學習，即使所內律師日後另謀高就，也希望能把這種自主學習，團隊作戰的精神推廣出去，不擔心成為競爭對手，反希望能帶動法律業界進步的動力，除平日即有協助的公益案件外，也是一種對社會的回饋。

導入AI—由生產者變為管理者

法律行業在某個角度來看，是高度手工集中的產業。一來每個案件都是高度客製化服務，所以需要花費一定時間；二來聘請律師所需費用不低，因此人力成本會占相當比例，而有類似過往手工產業的特徵。

此時若能導入AI在訴狀撰寫服務，可以相當大程度降低成本，對於律師事務所經營是有幫助。只是法律訴狀雖有既定格式，但內容的編排、論證的推導、案件證據的勾稽，是律師的核心價值，須賴經驗的累積，才有辦法言簡意賅又鞭闢入理，此部分AI若要自主學習需要更多時間，才較有辦法取代，不然就是透過律師運用指令，加速AI學習過程，並導入大量司法資料庫做為學習基礎，則可撰寫出適當之訴狀。

此時，或許會問如果AI有辦法自行產出訴狀，那律師是否就要失業了？對於這問題，筆者是採取樂觀態度。馬雲曾說過，每當有新科技產生時，舊有的工作可能會被取代，但不用擔心，同時也會產生新的工作。例如：手機普及後，BB Call業務就消退了，但同時也產生了手機行這樣的新工作。因此，當AI可以自行產出訴狀後，律師就可以把AI當作高級助理，由AI自行產出訴狀後進行批改，律師不但不會失業

，還可以節省成本，增加產能。

另外，律師除了訴狀撰寫以外，還有參與會議、開庭、調解等業務，這些都是要真人參與的，這部分AI是無法取代，除非有一天我們社會審判者由法官變為AI，但我們目前還沒有這條件，而且若真的發生，也不會是AI取代律師這麼簡單的問題，而是人類被AI取代的問題。

產業分析—有人的地方就有江湖

而類似的爭議，隨著科技發展，其實之前就已經有人討論，並不陌生。從一開始會主張AI無法取代人類，因為AI無法自行生殖，結合更早之前複製人科技的爭議，或許肉體部分可以透過複製人技術，而思想部分可以透過AI植入晶片進入人體，而產生意識永恆的生化人，秦始皇夢寐以求的長生不老，透過現代科技加以達成？

若我們的社會進入這樣的狀態，大家也不用憂慮，因為AI的本質還是源自於人，即使AI比自然人的記憶更廣、思考更快，但還是具備人類的思維，而有人的地方就有江湖，有江湖的地方就有規則，有了規則就需要律師，因此律師還是不會失業。

拉回目前法律業界討論，除了訴狀撰寫外，AI還可以協助法律意見書起草，法律投影片製作，甚至是法學資料庫精準檢索。這些都是目前需要透過人工，也就是律師進行的，未來可以透過AI處理，可以達到事半功倍的效果。而目前這些服務結合AI後，也可以成為單獨販售的服務，相信在法律市場中需求會相當大，除律師業務外，另外賺錢的金雞母。

展望未來

法律算是很古老的行業，從漢摩拉比法典至今已有千年歷史，中間法律經過不斷變革，從神諭、巫斷、羅馬法、教會法、唐律、大憲章及現代法律等，制定過程雖有不同，但最終仍有規範產出。

即使進入AI時代，甚至是生化人或全機器人時代，法律的需求依然存在，仍然需要執行法律的人，或許和今日面貌有所不同，但本質仍不會改變，至多只是工作內容調整或變換而已，但不至於會失業。

既然如此，法律工作者應該更積極主動擁抱AI技術，如此才能體現出AI優劣之處，優點我們善加利用，劣勢則運用法律思維決定該如何調整或改進。其實面臨科技創新，人類不是第一次，上一次讓人類有相同體驗的是在18世紀工業革命，當時機械化出現取代人力、獸力，讓手工業產生相當大變革，算算距今也不過兩百多年前。如今AI的出現，也是讓法律手工業產生變革，參酌過往經驗，人類應該很快就能適應，甚至說很快產生依賴。但這樣就不好嗎?其實不一定，即使在高度機械化的今日，還是看得到手工作品，表示手工業並未被完全取代，只要有需求，供給還是會存在。

至於對於AI會模擬人，學習人，最終取代人的恐懼，與其禁絕AI使用，不如正面學習如何使用AI。一方面，願意學習者總是較能站在主導者地位，對於風險可以優先察覺，優先防範；另一方面，主張要禁絕AI，但AI有可能完全禁絕嗎？正如同清朝末年，中國想要引進火車，但政府認為這是洪水猛獸應該要禁止，但第一條鐵路還是由私人建造出來，只是清政府收歸國有後竟然把它拆除，想要完全禁絕，但看看今日世界上鐵路遍布，並透過鐵路帶起世界經濟，我相信AI技術也會產生一樣影響力，大家想作為科技領航者或是落後者呢？

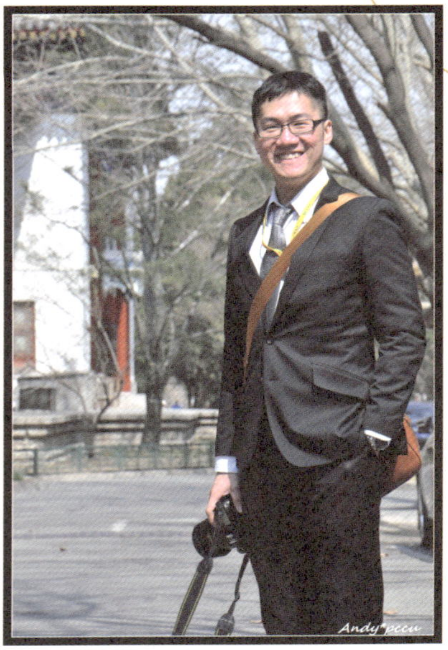
Andy*pccu

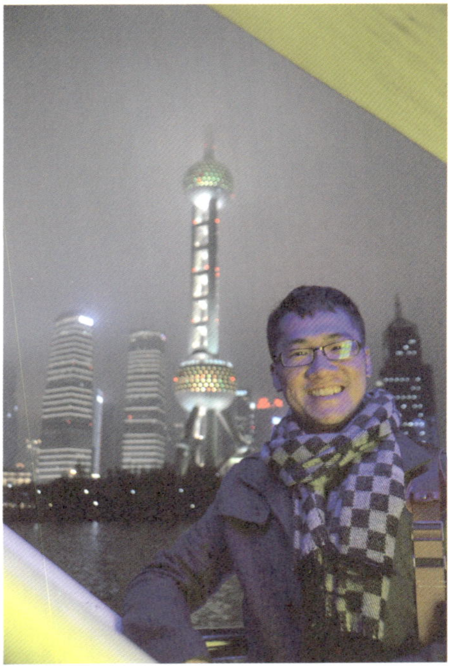

讓企業做好事也能賺錢
化危機為商機　易得福國際　詹家和

現任：
- 易德福國際有限公司總經理
- 中華永續商道聯合會理事長
- 台灣國際貿易協進會常務監事
- 台灣ESG書友會創辦人

台灣ESG書友會　　與我聯絡　　更多學習

近年來因為全球氣候變遷、職場工作壓力、公司治理誠信等議題對人類永續發展產生重大影響，使得企業開始思考如何與自然環境、社會群體共存達到永續經營，ESG概念也因此順勢而起，ESG是「環境」（Environmental）、「社會」（Social）及「公司治理」（Governance）等三個英文單字的縮寫，企業落實ESG可以幫助企業降低經營風險、提高競爭力，更能夠滿足投資者和股東的需求。

企業如何有效落實ESG已成為公司永續發展之關鍵課題。公司想要有效落實ESG淨零轉型便需要借助專業ESG顧問公司協助，否則將白白喪失最好的時機。易德福國際有限公司目前專注輔導企業落實ESG、協助企業淨零轉型，邁向永續大未來，創辦人詹家和博士，更提出「ESG永續善循環」的策略實踐方案，希望能夠有效協助企業界做好事也能賺錢，化危機為商機，從而躍登浪尖上迎風破浪成長！

創辦人一本初心，與企業共創美好永續大未來

易德福，是創辦人詹家和夫人取名而來，「福氣來自共善祝福的力量」，公司致力推動永續創價、協助企業落實ESG，達成淨零轉型永續發展目標，創造共善美好永續大未來。創辦人詹家和博士產、官、學經歷豐富，主要專長為碳管理、企業永續管理、人力資源與管理、永續教育及培訓等，擁有兩岸多年教學及輔導經驗，曾任國立勤益科技大學永續發展中心副執行長、康寧大學企業管理學系及廣東肇慶學院旅遊管理學系專任教師一職，在康寧大學任職期間曾擔任研發長、商業與資訊學院副院長，校務發展中心主任、社會責任推動專案辦公室執行長等。擁有碳盤查ISO 14064-1、碳足跡ISO 14067、能源管理ISO 50001、職業安全與衛生ISO 45001及勞務師等多張專業證照，

曾發表期刊及研討會論文合計近50篇,並且為「用於管理交易標的碳足跡的區塊鏈會計系統」、「碳價計算管理系統」等專利發明人,可協助企業超前部署、創造價值。創辦人回憶最早接觸到永續議題是2015年教育部所推動的大學社會責任計畫,當時大多數人對永續議題並不是很清楚,時至今日ESG已成為顯學。

公司核心價值為「創價」、「共善」和「永續」。創價是我們對創新的堅持,是勇於挑戰自我的勇氣。共善是我們對社會責任的承諾,是與利害關係人共同發展的信念。永續是我們對未來世代的責任,是對地球的承諾。公司推動理念強調「利人、利己,利天下」的ESG精神,企業須將這樣的精神融入企業文化中,並提出滿足利人、利己、利天下的永續行動方案,才能真正落實永續發展。

舉例來說,當企業積極回應地球暖化問題,補助員工購買電動機車作為上下班交通工具,除可降低公司範疇3溫室氣體排放外,又可增加員工滿意度,更可友愛地球,此舉不就是對地球好,對員工好、對公司好的「利人、利己、利天下」精神嗎。

ESG已成企業發展趨勢,善用設計思考達成永續善循環
如何導向「ESG永續善循環」,詹家和創辦人說:「企業在執行ESG時往往顧此失彼,偏重某一構面。有報導指出大部份公司推動ESG卻只重EG,顯見已有媒體注意到此一現象。舉例來說,某私校配合教育部節能減碳運動,除了更新電源管理系統,為了減少冷氣耗電量,將教室和老師研究室溫度設定在26度C,並請總務處協助宣導節能減碳觀念。經過一陣子的推行,學校除了省下1筆可觀的電費,並獲得地方政府

表揚,成為節能減碳績優學校。就節能減碳績效而言,成果令人滿意。」

推動節能減碳,是不是能夠「永續」呢?詹創辦人接著表示,「在上述案例推動過程中,一直有些雜音出現,學校教室原本是裝有冷氣控制設備,學生需要繳費才能使用冷氣,每度電收取的費用高於台電每度電電價,收取的費用主要用於繳交電費和冷氣設備維修。然而,就有學生在網路上不滿發言,我繳了錢,吹不涼的冷氣,反而使學校形象受損,後來學校進一步針對教室通風情況進行溫度設定,情況才得以解決。」由此可見,一定要同時兼顧3者並行,才能使事情做得圓滿,這就非結合專業的服務不可!

詹家和創辦人指出,「這就是偏重環境保護面、維持公司治理面,卻忽略社會面所造成的,尤其企業規劃ESG時,建議採用設計思考等管理工具,發揮創意精神,不可單獨偏重某一方面,應使3者兼具達成平衡,形成三者正向善循環,對於企業追尋永續發展將有莫大助益。」

秉持利人、利己、利天下理念協助客戶
易德福國際秉持利人、利己、利天下之推動理念,協助客戶落實ESG,達成淨零轉型永續發展目標,創造共善美好永續大未來。公司打造「台灣ESG書友會」線上社群品牌,有效落實ESG理念之推動,目前書友會已有近800多位成員,透過每週不斷提供ESG最新資訊或是定期舉辦永續相關講座,讓更多對ESG有更多認識,書友會目前在國內已成為具有良好口碑之線上社群。

在教育訓練方面，公司與各大公協會、學校、管顧公司合作，共同推廣永續管理課程，去年一整年已有上千人次參與詹博士所授課程學習，學員來自產、官、學界等，主要背景包括上市櫃公司員工、中小企業老闆、查驗公司、環保公司、顧問、公私機構及學校教授等、詹家和博士所教授之永續課程，學員反應容易吸收，獲益良多，常常有學生慕名而來學習，在業界具備高品牌知名度(資料來源：摘錄自蕃新聞https://n.yam.com/Article/20230804958038)。

在企業輔導方面，已成功協助多家企業推動ESG，以德財經科大為例，學校與詹家和博士攜手，帶領已有證照的老師們實地演練，協助盤查並計算該校各單位處室相關電器的排放量，該校共有37位老師積極投入參與。詹博士課程內容豐富多元，在場學員熱烈迴響。在此碳盤查實作演練研習中，博士親自帶領老師們實地走訪校內各大樓，依據每個教室的設備和人為因素，精確估算溫室氣體排放量，並將這些數據整合，計算出校內每座大樓的碳盤查數據。課程內容不僅知識深入，且實際應用，讓參與的老師們受益匪淺。詹博士不僅分享豐富的實務經驗，還帶入業界實際碳盤查案例，使得課堂更加生動有趣(資料來源：摘錄自經濟日報https://money.udn.com/money/story/5723/7633756)。

有專家群協助，企業何須摸石頭過河

ESG議題涵蓋多個面向，橫跨不同領域專業，企業現有的資源及能力往往不能涵蓋，需要多個專家共同來協助企業導入ESG，如何整合各個專家的專長變得很重要。如果能將專業人士聚集起來，發揮彼此專長產生綜效，將有效協助企業解決ESG問題，一般管顧公司大多偏向某一專業領域，少有整合ESG各領域之專家。易德福國際是目前國內

少數具有整合環境面、社會面及公司治理面三個面向之公司。在詹博士號召下,透過邀請各領域專家共同組建「中華永續商道聯合會」,成為專家智庫群。協會成員背景多樣化,包含國際標準專家、財務專家、性別平等專家、保險專家、數位化專家、企業家、律師及會計師等。在理事長詹博士帶領下,專家群透過彼此共學,定期舉辦專家講座或是工作坊活動,並邀請企業界共同參與,相互討論,加速彼此跨領域專業成長,以滿足企業需求,共同解決企業所面臨淨零轉型之問題。(資料來源:摘錄自台北內科週報https://pse.is/5kju7l)

期許易德福成為永續管理顧問業的台積電

ESG未來發展趨勢包括:
(1)更強調社會因素,包括多元性、包容性和公平正義。
(2)法規和標準的演進,可能會有更多行業特定的ESG標準制定。
(3)投資者需求的增加,將有更多的ESG整合和永續投資產品的推出。
(4)先進的科技,包括人工智慧、大數據分析和區塊鏈等,將提高數據的收集和分析效率。
(5)公司治理強調提高透明度、減少腐敗和確保公司高層的責任方面。
(6)對氣候風險的管理和企業的氣候相關披露變得更為重要。
(7)更多的企業可能會關注其供應鏈的永續性,以確保從供應商到製造商的所有環節都符合ESG標準。
(8)對ESG的理解和應用程度可能會增加,企業人員接受更多關於ESG的培訓。
(9)社會影響投資將繼續成為一個重要的主題。
(10)由於ESG問題通常超越國界,全球合作和標準的制定可能會更加重要,以確保一致的評估和報告標準。

易德福面對未來ESG發展趨勢，創辦人詹博士表示唯有不斷超前佈署，敢於挑戰，就像一場冒險，尋找新的未知領域，開創未來的新局面。而創價正是這場奮鬥的主旋律，共善是我們堅持的信仰，也是激發團隊不斷創新、超越自我的原動力。協助客戶落實ESG，達成淨零轉型永續發展目標，創造共善美好永續大未來。

秉持創價精神，共善之路一起高歌前行

淨零轉型，不僅是一種思維方式，更是一種勇氣的行動象徵。當眾多人還在觀望時，我們已經踏上了前行的道路。這並不總是輕鬆的選擇，但正是因為這份堅持，我們才能在永續大未來砥礪前行。在這激勵人心的征途中，我們自許是永續夢想的追隨者，是改變的引領者、價值的創造者。讓我們攜手同行，擁抱挑戰，成為共建低碳未來的建設者。這是一個關於創新、共善、永續與改變的故事，而易德福正是其中最耀眼的一筆。讓我們一同高歌前行吧，為一個更美好的明天而努力！

詹博士在ESG華人永續企業聯盟授課

詹博士受邀於2023品牌價值暨ESG實踐研討會發表專題演講

詹博士(右一)受邀於2023邁向幸福企業ESG永續發展研討會發表專題演講，專題演講題目：走在永續發展的最前線，ESG的策略整合與挑戰

時尚　智能　永續

傳統五金產業轉型
數位化的三大創新方針

時上工藝　李政哲

時上工藝

註冊 / 登入

使用 Line 帳號

請先加入官方帳號，我們將透過Line通知您審核結果。

第一章「鋼之鍊金術：五金工藝的轉型之旅」

在傳統五金產業這片舞台上，創新與數位化，一直是這個產業所面臨的最大問題與關鍵點。後疫情時代，企業該如何在面臨生存危機的情形下，投入「數位化轉型」、提升公司競爭力，已成為許多傳產企業的當務之急。

而「時上工藝」作為一家率先打造五金供應鏈智能平台的我們，深深體認到數位轉型與鍛鍊創新的重要性。這一刻，我們想與您分享我們在創新之路上的奇幻旅程。

鍛鍊創新，是我們公司不斷發展的基石。我們多次向員工強調：「只有敢於挑戰，不斷鍛鍊創新思維，我們才能在激烈的市場競爭中脫穎而出。」這句話不僅是公司的經營理念，更是我們全體員工的共識。

我們的創新之旅始於對五金工藝的無限好奇。在對五金手工具的各種奇特特性充滿好奇的驅使下，決定將五金產業與傳統工藝帶入新的思維。相信五金工藝不應只是冷冰冰的材料，而是可以擁有溫暖、充滿情感的一面。於是，開始了一場無止盡的創新探索之旅。

在我們的企業文化中，創新是被鼓勵、被重視的。我們搭建了內外部創新平台，每月兩次的天馬行空的交流時間，設立創新獎勵模式，及設立好chill身心充電區，鼓勵員工吸收各個層面的新知識，讓每個員工都能有機會提供自己的創意，並積極實踐。透過跨部門的合作和交流，我們不斷尋求新的創新思維，推動新技術的應用，讓這些創新成為真正能夠觸及用戶需求的產品。

這一切的成功都離不開我們公司對創新的持續投入。我們相信創新是一個企業的靈魂，是推動企業進步的原動力。所以，我們將繼續鍛鍊創新，保持開放的心態，積極吸收不同領域的創新思維，讓我們的產品持續引領市場潮流。

這就是我們在五金產業中開啟的轉型之旅。我們深感榮幸能夠在這個舞台上與您一同見證創新的力量。未來，我們將繼續前行，不斷超越自我，為消費者帶來更多驚喜與感動。

第二章 時尚融合：五金工藝的奢華革命

在充滿競爭的商業環境中，我們持續將創新視為引領企業前進的重要動力。作為五金產業數位化的先驅，我們深刻感到台灣的傳統產業所面臨的無奈與困境，嚴重缺工，生產成本提高，行銷推廣能力不佳等於是透過團隊的發想與統整，我們決定將時尚的元素導入傳統工藝的靈魂身上，並將時尚風華融合作為引領產業新潮流的三大戰略之一。

奢華，是時尚界永恆的主題，我們深信將五金工藝的內斂性與時尚的優雅相融合，將為消費者呈現出獨特的奢華體驗。負責人說：「時尚

的力量在於其無盡的創新,而我們要將創新引入五金產業,打造與眾不同的時尚工藝。」

奢華融合的策略,使我們在市場上成為引領新潮流的先鋒。我們的團隊緊密關注時尚潮流,並與國內外知名設計師合作,不斷推陳出新,創造出別具一格的作品。這些作品融合了五金工藝的內斂與堅韌和時尚元素的優雅,讓消費者感受到前所未有的奢華魅力。

透過參加國際時尚展覽和活動,我們協助的品牌在全球海內外迅速擴散。在這些展覽會上,我們的供應鏈吸引了無數愛好者的目光,成為眾多媒體追捧的焦點。我們自豪地表示:「這是我們品牌引領新潮流的最好證明,也是我們持續追求卓越的動力所在。」在追求奢華融合的過程中,我們充分發揮團隊合作的力量。跨部門的合作,讓我們能夠將不同領域的專業知識相互交融,創造出更具有創意和實用性的產品。同時,我們也讓年輕人以全新的角度,重新認識與了解傳統工藝的樣貌,進而喜歡與參與台灣的傳統工藝之美,避免世代交接的缺工與斷層。

未來,我們將繼續堅持奢華融合的理念,不斷挑戰自我,開創更多驚喜。我們相信,時尚的力量與五金工藝的靈魂相結合,將為消費者帶來更多嶄新的體驗,引領傳統產業新浪潮。

第三章：智能科技，開創未來

科技日新月異的時代，智能科技的應用已經成為企業不可或缺的一部分。在五金產業這片領域裡，我們公司也深信智能科技將是開創未來的關鍵，也是未來的趨勢，這是我們公司多次強調的理念。我們深刻體認到，把握時機，將智能科技融入產業，我們才能在市場上保持競爭力，引領潮流。因此，我們將智能科技的應用視為我們公司發展的三大戰略之二。

為了推動智能科技的應用，我們成立了專門的傳產數位化智能科技整合部門。這個團隊由一群對科技充滿熱情的年輕人組成，他們在人工智能、物聯網等領域有著豐富的專業知識。這些年輕人不僅擁有尖端的技術，更擁有對創新的不斷追求。在我們的團隊中，我們持續鼓勵員工提出點子，為產業的數位智能化提供了寶貴的資源和支持。這種開放的創新氛圍，讓我們的整合團隊不斷突破技術難關，將智能科技應用導入到我們的五金供應鏈中。

智能科技的應用讓我們的傳統五金工藝產品更加智慧、便捷。舉例來說，當傳統手工具導入了智能感測數據，能夠根據用戶的操作和控制進行數據回傳與收集，並能夠更精準的用於航太工業與高精密產業。

智能科技應用不僅提升了產品品質和功能，更拓展了我們的市場範圍。我們的智能五金供應鏈產品已經成功應用於家居、建築等領域，並受到了消費者的熱烈歡迎。這些成就得益於我們公司持續投入在智能科技整合上的努力。

未來，我們將繼續堅持將五金傳產與數位化智能科技整合的創新之路，將是我們公司持續成長的動力，也將是我們引領市場的關鍵所在。

第四章：綠色革新，傾聽大自然

在這個愈加注重環保議題的時代，我們公司深受永續理念的感召，積極推動綠色革新。是我們持續身體力行的目標。我們深知與大自然的和諧相處才是最重要的。因此，我們公司將永續發展作為企業的三大戰略的最後主軸方針，致力於降低對環境的影響，並主動保護環境。

為了實現綠色永續，我們公司創新的發想點在規定員工們並以執行長為首，加強永續教育訓練，更已考取永續管理師與ESG碳管理師為首要目標。除了以身作則外，我們更積極的協助與輔導五金產業供應鏈一同加入永續經營的行列，以確保我們的五金產業供應鏈從原材料到加工運輸出口過程都符合ESG的永續管理與碳揭露的標準。且不被產業供應鏈所替換或淘汰

傾聽大自然的聲音。才是我們生存的基礎，永續革新不僅是我們公司的重要戰略，更是我們的社會責任。我們相信只有通過共同努力，才能實現對大自然的真正傾聽和保護。

我們公司的零污染永續產品成為市場的熱門品牌。更是少數擁有NSF認證的永續商品。這一切的成功離不開我們公司全體員工的共同努力和傾聽大自然的信念。

未來，我們將繼續堅持永續革新的理念，不斷創新，開創更多的環保成果。我們相信，只要我們始終傾聽大自然的聲音，不斷追求環保創新，我們的企業將永遠保持綠色生機。

第五章　蛻變的時尚五金工藝與自然的和諧共舞

在這個充滿多元與創新的時代，我們深信時尚與環保的和諧共舞將成為未來的主旋律。作為一家引領五金工藝領域的企業，我們認為時尚與自然的和諧共舞不僅是責任，更是我們對社會和未來世代的承諾。

時尚與環保是兩個看似矛盾的詞語，但我們相信二者可以融合為一，形成一個綠洲，再導入進五金工藝領域，進而成為產業新亮點。為了實現時尚與永續的和諧共舞，我們團隊積極地與供應鏈溝通。我們從五金廢物料的解析、到重新規畫成新製品並遵守環保標準。我們不斷研究討論可重複、並可再利用的材質，並將無法再利用的廢料結合工藝設計師的發想，成為一件件工藝藝術品以減少對自然資源的消耗。

我們並鼓勵員工積極參與社會各項永續活動，投身到社區的綠色志願者行動中。這些都是我們公司創意革新的一部分。與此同時，我們將上述所提的時尚元素融入五金工藝產品中。密切關注時尚潮流，不斷推陳出新，打造出別具一格的五金產品。這些產品不僅在功能上具有實用耐用的優勢，更在外觀上展現了時尚的美感，讓消費者感受到台灣五金工藝的精品藝術。

我們期許在時尚與環保的和諧共舞中，能成為不論是居家修繕或是專業人士最愛。並成為綠色永續的典範。

未來，我們將繼續堅持時上工藝與永續的和諧共舞，不斷創新，引領五金工藝領域的發展。我們相信，只有保持對自然的傾聽，堅持創新理念，時上工藝能永續成就更新更高的境界。

高效獲利才是好品牌
好品牌事物所 蔡文旗

公司地址：
台中市遊園南路131-1號2樓

公司電話：
04-2222 1879

品牌官網
www.goodbrand.com.tw

臉書粉絲專頁
www.facebook.com/goodbrand.des

蔡文旗抖音
www.tiktok.com/@i7goodbrand

◆好品牌事物所_總監
◆第75屆中華民國優良商人_金商獎得主
◆中華流通業顧問協會_副理事長
◆勞動部勞動力發展署中彰投分署_諮詢輔導委員
◆臺中市摘星計畫_輔導委員
◆臺中市好禮協會_品牌策略顧問
◆經濟部工業局_品牌設計技術服務能量登錄

「好品牌事物所」，如同一道奇異的光芒，在阿旗的生命故事中閃耀著。這片故事的土地已有七年，自2016年公司的種子種下，至今已生長茁壯，迎來了上百個品牌的誕生和轉型。我們像是一支幫助業主遨遊於品牌發展之路的導航群艦，為他們的夢想巡航了破千家展店的壯闊計畫。這些數字凝聚了好品牌的汗水，見證了我們與業主攜手共創的輝煌戰績。

「高效獲利才是好品牌」，這是好品牌事物所的經營信條，也是我，蔡文旗，創辦者的信念。這個理念如同潺潺的溪流，滲透在我們公司的每一個經營策略中。我們深信，唯有將「品牌規劃專業」作為業主們事業成功的基石，才能讓品牌的力量達到最大化。

2021年，我們榮獲第75屆中華民國優良商人「金商獎」，這份殊榮猶如星辰之光，照亮了我們前行的道路。這個被蔡總統譽為企業界奧斯卡的獎項，彰顯了國家與產官學界對我們的肯定。好品牌事物所也成為了第一家榮獲金商獎的品牌規劃公司，這不僅是我們對傳統框架的突破，更是我們穩健成長的見證！

2021年，蔡文旗榮獲第75屆中華民國優良商人_金商獎。

對於「品牌」，我始終保持著追求的心；在我眼中，品牌並不僅僅是外在的包裝，更是內在價值的昇華。品牌的核心定位、產品的價值、銷售的策略，每一個細節都需要我們用心去發掘。然而，讓品牌「高效獲利」才是我的核心使命。只有品牌能夠開始帶來豐碩的成果，事業才能夠真正蓬勃發展；透過完整的品牌規劃，我們幫助客戶走得更加穩定，經營更加持久。

好品牌事物所2016年創立至今，已成功打造上百個獲利品牌。

好品牌事物所，是一個充滿奇異魅力的世界，彷彿一首打破了框架的詩歌，在這片土地上，我們以高效獲利的信念為風帆，助力著品牌的航程，不斷探索，茁壯與成長！

想要什麼，就要自己極力去爭取！

其實，我的本科是機械工程背景，八竿子跟品牌規劃打不著邊；會選擇「品牌規劃」這個產業入行，其實緣於一個青春的小插曲。在當兵服役時的某次聯誼活動，我結識了一位女生，她問我從事什麼工作，我就順口說自己是「設計師」，純粹逗她玩。聽到我的工作後，當下她的眼神中充滿了景仰與崇拜的光芒，在那瞬間我感受到「設計師」

角色的職業魅力，也促使我退伍後投身了解何謂「品牌規劃設計」。

但是，沒有設計學歷更沒有相關工作經驗的我，要如何才能進入大型且知名的品牌規劃公司呢？首先，我上網尋得當時品牌規劃產業的龍頭公司，再花了整整兩週的時間來自我推銷，期間堅持不斷地致電爭取，最後終於打動了在該行業聲望極巨的名人老闆，順利入職並一腳跨進品牌規劃的世界裡。

「想要，且更敢於去要」！是我一路上成長的養分，更是在投身品牌規劃後堅持不懈的動力；我時常對客戶說，不要在還沒開始做之前就擔心市場的競爭、產品的優劣或經濟的不景氣，只要積極的去爭取、去努力，哪怕現在的資源與條件不如對手，我們都一定可以超越不可能來戰勝市場！

好品牌事物所創立兩年後，即服務50個品牌累積展店破千家。

拿回人生的主導權

2016年初,在我38歲時做出了改寫命運的重大決定;我踏上了創業的旅程,成立屬於自己的公司;這一步,成就了一段充滿激情與挑戰的生命!

一開始,我們的起點不過是一台筆記型電腦,一股堅定的信念,以及對優質事物的追求。初期的我們甚至沒有一個正式的辦公場所,每次與客戶的會議都約在咖啡廳中進行。創業三個月後,公司的營運逐漸步入正軌,我們進駐了臺中市文化創意產業園區的育成中心,從最初僅有六坪的空間單位開始,短短不到一年的時間,我們的空間規模迅速擴展至四個單位,總計達到24坪空間。而後再經過半年的不懈努力後,隨著多位夥伴們持續的加入團隊,我們終於在2017年中旬告別了育成中心,向外尋找一間廠房將其改裝後,迎來了屬於好品牌事物所獨特且專屬的創作空間。

有人問我:「阿旗,創業成功的秘訣是什麼」?我始終認為,品牌失敗有許多的原因與理由;但是,成功的品牌,一定有同時做對哪幾件事。因此,在創業初期,我整理分析了曾經在職場上服務過的成功品牌案例,從中提煉出了高效獲利的核心要素;隨後,我將這些寶貴的洞察歸納總結,形成了好品牌事物所的「執行模組」與「作業系統」

38歲那一年,從辦公桌椅的組裝來編織起對未來的憧憬與想像。

，而這套模組系統也成為我們在為客戶提供服務時，帶領他們邁向成功品牌並實現高效獲利的決勝關鍵。

好品牌事物所的真正價值，在於我們不僅是自己夢想的實踐者，更是幫助各企業主重新奪回人生主導權的同行者。我們的客戶主要來自中小企業，甚至有許多是初期的創業家。每次看到他們，我都仿佛能看見當年的自己，看到了那些努力追逐夢想的身影；正因如此，阿旗更加決心與他們攜手並進，共同創造一個充滿成功與希望的美好未來。

公司組織隨著夥伴們的持續加入，不斷擴充空間下在創業初期連換四個辦公室。60坪大場域，打造獨特且專屬的創作空間，為每個好品牌提供最佳的孕育能量！

掌握話語權，就掌握控制權

品牌規劃產業是一個極具競爭的市場，而職場時期從沒接觸過業務工作的我，在創業時就思考著如何用最快的時間、最低的成本來突破同業重圍，打造高效率且高效益的業務開發管道。

如果能夠站上講台來掌握話語權，一次將自己介紹給更多人認識，並透過講台的高度來推疊出自身專業的價值感與信任感，將是一個極佳的方式；當時，我就萌生了當老師的想法，心想一定能夠為公司帶來更多的客源與名聲。

經過兩年的努力，2019年阿旗與尹星知識管理學院簽下課程經紀約，成為台灣市場第一位開班高價位品牌課程的教練；2023年課程合作單位為台北JBS商學院，課程學費51800元新台幣。時至今日，每年都約有上百場左右的品牌課程、主題演講、焦點論壇、企業培訓、產業輔導、產學講座與工作坊等產官學界交流機會，讓我在本業工作之餘，可以跟各界先進們一起持續學習與成長。

未來，好品牌事物所也會協助客戶們，找到自身品牌在市場上的獨特發聲方式；讓我們一起來掌握話語權，無論是擴大展店還是建立會員制度等，都是為了能讓品牌在市場上長久立足，獲得100%成功的控制權！

你與成功的距離，只差一個好品牌！

在未來，發展自有品牌的市場挑戰與競爭只會越來越大，時代巨輪轉動的速度也會越來越快；面對變化不斷地產業現況，如何突破重圍來搶得商機，將是每位企業主都必須肩負的重責與使命。

我是阿旗，在品牌事業拓展的遠征旅途中，誠摯邀請正在看書的您，一定要相信自己的夢想與能量，想要什麼，就要自己極力去爭取；因為，我始終相信～夢有多大，力量就有多大！

【好品牌事物所】

地址：台中市遊園南路131-1號2樓

電話：04-2222 1879

品牌官網：www.goodbrand.com.tw

臉書粉絲專頁：www.facebook.com/goodbrand.design

蔡文旗抖音：www.tiktok.com/@i7goodbrand

勇敢跨界-以宏觀戰略思維創建品牌價值
《品牌戰略學院》院長暨執行長 邱正偉

品牌戰略學院 院長暨執行長
英國威爾斯大學企管研究所 碩士

【經歷】
◆中華民國全國商業總會
◆品牌創新服務加速中心 智庫/策略長
◆聯合報系有故事公司 總經理
◆富蘭克林基金集團吉富創投 總監
◆上市公司 金橋科技 總經理
◆上櫃公司 統振集團
◆台灣數位電通公司 策略長
◆台北市中央國際傑人會 秘書長

【現任】
◆漢神國際實業 策略長
◆中華台日文化經濟交流協會 總會策略長 / 理事
◆中華全球視野交流協會 監事長
◆中華民國綠野生態保育協會 理事
◆台灣生成式AI協會 常務理事
◆中華演藝總工會 理事

面對挫折,以志氣做依靠

職涯的30年間擁有「跨越不同產業高階經理人」的傲人資歷： 前20年歷任了上市、櫃電子科技集團公司副總經理/策略長與總經理職務。後10年成功跨界擔任「基金集團創投總監」,也受邀進入媒體集團,發揮創新變革的經營長才,為創立逾70載的文化事業集團擘建新商業模式。

人生上半場,我是一個從黑手企業家二代到擔任上市公司總經理的勝利組,卸任上市公司總經理後,在2008年充滿自信地以太陽能應用產品第一次創業,公司的行動太陽能產品也在台北國際電腦展連續兩年獲頒評審團創新獎項的殊榮!但是卻不敵美國雷曼兄弟控股公司所引發的全球金融風暴,產品一片叫好聲但不叫座,最後在全球太陽能產業一片哀嚎聲中,苦吞了創業失敗的經驗,於2010年賠光了公司股本收場。

與馬英九總統合照

之後，成功跨界進入基金集團轉戰創投經理人，將「產業實務經驗」大幅度地轉化應用在投資的決策上，篩選出獲利穩健、低風險的標的，在以金融財務管理人才為主幹的領域站穩舞台；而我在媒體集團任職總經理期間，更是在集團內運用了「跨產業的邏輯思維來交互衝激出新的創意花火」，以嶄新的商業模式航向藍海。

熱衷學習，讓自己持續精進

在電子科技業的七千多個日子裡，圈內人深知只要腳步稍稍一慢，馬上就會被市場淘汰！身為高階經理人，我日夜埋首於工作中，努力學習產業內的新知，終年往返於「機場」、「客戶的總部」與「國際商展」之間，拿下一筆又一筆的外銷訂單，即使小孩早產出世，太太坐月子，也不敢告假。在多年努力下來，除了創造優異的經營績效與獲利，讓公司股價倍數翻漲，自身也練就「跨國企業」的管理能力，更吸取了「國際級客戶」經營品牌的策略心法，這是付出喘息時間所換來的珍貴代價。

領軍參展美國CES電子展

累積經驗，使同業無法超越

在「基金集團」擔任「創投經理人」期間，我深入地評估了超過二百家優秀的品牌與企業，我的團隊主要投資「文創產業」與「連鎖品牌」，從七個面向來評估「投資標的」的含金量：

一. 商品與服務是否「符合市場趨勢」?有沒有大量優質的潛在客戶群?
二.「目標公司的競爭優勢」：包括是否有獨特的品牌定位、智慧財產權、創新能力、供應鏈管理、銷售網絡以及良好的消費者關係等方面。
三.「公司的盈利能力和財務狀況」：從財務報表、利潤率、現金流狀況、債務水平和成本控制能力，確保公司有穩定的盈利能力和財務健全。
四.「管理團隊的能力」：包括產業經驗、執行能力、戰略規劃以及對風險管理的重視程度，確保公司能夠有效應對市場挑戰實現成長目標。
五.「創新和技術驅動力」：從研發能力、產品創新、數位化轉型以及對新技術的應用程度，以確保公司能夠跟上產業的發展趨勢，保持競爭力。
六.「風險管理」：公司對控管經營風險要提前進行演練。要瞭解行業、以及市場和區域經濟的潛在風險，制定適當的避險策略，以減少潛在損失。
七.「戰略合作夥伴關係」：考慮公司是否有與其他重要合作夥伴建立戰略關係的潛力，這可以幫助擴大市場佔有率、增加業務規模和提供新的增長機會。

廣結善緣-為品牌企業服務

在媒體集團擔任總經理的期間,擅長處理公共關係和擬定品牌策略的我,為新事業定位了以打造「品牌故事」成為公司為企業與品牌進行服務的起始點,由於媒體集團創立已經超過一甲子,正朝向80年邁進,往來客戶群多,類別也廣。

公司不但為客戶撰稿出版企業品牌專書,也策畫辦理各類講座、簽書會與分享會、還包括音樂會與大型專業論壇以及頒獎典禮等等一條龍的專業服務,成為媒體產業提供多元品牌服務的翹楚!

人生三階段跨產業的職涯成就了我以《品牌戰略》為核心技能來輔導企業進行「傳承、轉型、升級與再造」的穩固基石。

主持國際扶輪3523地區慈善音樂會

「創新」-會在「不斷衝突的邏輯」中誕生

「創新能力」是企業生存的關鍵指標，企業領導人必須將這個基因深植在團隊的血液之中，要具備「勇氣與想像力」，更考驗「執行力」。要想針對現有經營方式做改變，在彎道超車成為產業裡的佼佼者，這意味著必然要大幅度地「突破傳統」，除了運用新的行銷手法之外，更重要的是明確展現對「客戶關係」的重視，再師法「不同產業的變革經驗」，找到適合的方法來實踐，創造出「成長的第二引擎」。

產業中落敗的企業，領導人的特徵往往是既想要藉由「重新定位」產品或服務來強化競爭力，也增加新的客戶群，但是卻害怕改變所帶來的內外衝擊，裹足不前，沒有勇氣採取行動而走入變革失敗的命運。

「創新」伴隨著一定的風險，有經驗的老手卻會在追逐目標的同時也設定「停損點」，在有限的時間內鞭策自己達成計畫內各階段的任務

經濟部長施顏祥頒發創新獎

，否則就要在資源耗盡時接受失敗。所謂「執行力」就是要完成「對自己承諾」的事，更為最終結果「負起責任」。

以「品牌故事」為軸心，推升品牌價

「品牌故事」是非常強大的傳播工具，能夠將企業的價值觀和使命傳達給目標受眾。透過故事的方式，建立情感聯結，引起共鳴並與客戶建立更深層次的關係。

在打造品牌故事方面要採取的步驟是：
「研究和了解目標受眾」：了解目標受眾的需求、價值觀和期望會有助於我們創建一個能夠觸動他們的品牌故事。
「定義品牌核心價值」：明確定義公司的核心價值和使命。品牌的價值觀應該貫穿於整個品牌故事中，並與目標受眾的價值觀相關聯。
「架構故事」：透過架構故事的方式來傳遞品牌信念。這可以是一個關於公司起源的故事、一個關於客戶成功故事的案例，或者一個描述公司如何解決社會問題的故事等。
「多渠道傳播」：將品牌故事應用於各種媒體，包括網站、社交媒體、新聞稿、視頻、活動等。這有助於品牌故事的傳播和擴大影響力。
「品牌一致性」：確保在所有品牌傳播中都保持一致性。從品牌標誌到語言風格，都應該與品牌故事一致，以加強品牌形象和認可度。
「監測和評估」：定期監測品牌故事的效果並進行評估。這將幫助我們了解故事對目標受眾的影響，並且進行調整和優化。

一個強大而真實的「品牌故事」是公司最重要的資產之一，它不但為企業創造價值，更足以讓客戶對這個企業因為「信任」而產生「情感共鳴」，進而與企業產生深刻的聯結，對品牌具有忠誠度。

舉例，Nike在80年代初就使用了"Just Do It"作為其主要廣告標語，非常成功地樹立了以「力量、勇氣、勤奮、無畏」的品牌精神，一舉成為運動市場龍頭品牌。

全國商業總會理事長賴正鎰聘任為品牌加速中心策略長

舉辦「公關活動」，串流線上到線下

企業與品牌除了提供優良的產品與服務之外，通過規劃「公關活動」，更可吸引消費族群，將線上粉絲引流到線下互動，建立愉快的體驗，加強消費者對品牌的好感度。

首先，運用「社群媒體」來傳播官方信息，讓客戶能夠即時接收到最新的「產品信息」及「公關活動」資訊。同時通過留言板、線上論壇、FB、IG、LINE群、微信等方式進行互動，形成緊密的客戶關係。

接著，針對不同的客戶群體設計不同的公關活動，依據「客戶特性」和「興趣」來構思品牌活動，也可以先採用以節慶、季節性、市場分區、多元化、分眾、小規模的宣傳方式，再挑選特定日期舉行大規模的「品牌公關活動」來吸引媒體報導，創造話題。

「合縱連橫」-跨產業進行「品牌合作」
跟有影響力的「品牌合作，進行聯名推廣」，藉以擴大品牌的影響力並觸及更廣泛的受眾。

近年來，跨產業品牌合作的熱潮席捲全球。企業互相借助對方的品牌力來推高自己的品牌形象，並為其客戶創造新的體驗。例如：台灣兩大廟宇-北港朝天宮和鹿港天后宮也跨足與不同產業進行合作，結合文化傳統與多元產品，運用雙方的品牌力量來促進彼此間客群的互動。在此合作中，除了共同開發出一系列新的文化產品、衍生商品與旅遊服務；也聯手舉辦有趣的文化體驗活動，通過聯合創新的模式，讓合作雙方都能從中獲益。

創造財富，更背負社會使命
「財富自由」僅僅是成功的一小部分！人生下半場，希望以我的專業與人脈為社會創新永續發展而努力，解決社會問題，改善環境品質，關注弱勢群體的福祉。這是對我自己的承諾，要為世代留下一個比現在更美好的生存環境。

蔣萬安市長合影

從底層到頂層的翻轉之路

陳培綸

台灣企業領袖交流會｜營運長
台企會企業智慧平台｜主席
台企會私人董事會｜秘書長
社團法人台灣職業技能訓練學會｜教育長
台灣家庭生命教育交流推廣學會｜顧問
台灣婦幼共生幸福促進交流協會｜創會長
幸福源緣園圓文創志業有限公司｜執行長
BNI商會長愛｜長樂創會大使
300A2國際獅子會15-16、19-20會長
16-17分區主席
HCI幸福天成分會分匯長

邀約演講：
《從底層到頂層的商會運營心商模》
父母成長、志工培訓、教師增能、組織領導、團體動力凝聚、自我認識、兩性成長、樂齡學習、婚友聯誼、人際溝通動力學

發現幸福的源頭　　連結美好的因緣
開創歡樂的園地　　圓夢利他的志業
FB 陳培綸　　gracechen0323@gmail.com　　Line ID:gracechen0323

婦幼幸福公益平台　幸福成長學苑
企業智慧學苑 ｜ 陳培綸(向日葵)老師
幸福召集人 召集幸福人 ｜ 愛天使俱樂部 ｜
來練愛吧~不期而遇Bar創辦人

苦難是化了妝的祝福，
走過那些生命中不可承受之輕的傷痛

我是陳培綸老師，民國57年生，牡羊座，今年57歲，很開心有這個美好因緣，在台企會和36個優秀的企業家一起出合輯，用文字來表達30年成家立業過程中的感恩與回饋，孔子在<論語。為政篇>言：{吾十有五而志於學，三十而立，四十而不惑，五十而知天命，六十而耳順，七十而從心所欲，不逾矩}，為此，特別查了一下孔子在對自己三十歲時的自我評價，三十歲，應是人生一個特別重要的階段，<立>，代表著立身、立業、立家三個方面的同步成就。立身，就是已經確立了自己的品格與修養；立業，就是確立了自己所要從事的事業；立家，就是應該有了自己的家庭。

對我而言，我的成家立業是從82年結婚起算，真的也是說明了一個女人在踏入婚姻家庭事業裡，足足花了30年的悲歡黃金歲月記憶，卻也不得不造就成另一個可能連自己都快不認識的自己了……所以，在我推廣親子教育十幾年的過程裡，如果我們可以在每個孩子的成長過程中，在每個父母的成家立業學習過程中，讓每個父母、孩子學習，除了「立身」，是確立自己的品格與修養外，更是必須認識自己人格特質，認識自己是怎樣的一個人，及早發現自己的天賦優勢，也能接納不同特質的家人或團隊夥伴的特質與特性，老師、老闆、組織領導更能適才適性，對於那些成功的企業家、專家、學者、或成功父母的特質，大部分都是能從小擅長發揮自己和孩子的天賦潛能，並能知人善任接受團隊互補挑戰的人，古人云：知己知彼，百戰百勝。古聖賢的文化傳承真理，一定都有它存在的意義與價值，而我其實想說的是，如果家庭就是事業，我們如何讓現在的父母和孩子，去創造出百年事

業的愛的家庭與傳承⋯⋯如何讓現代的年輕父母、孩子在成家立業的過程少走一些冤枉路，你是誰?你是怎樣的一個人?我們全家人、我們團隊都是怎樣特質特性的夥伴所組成，或許，你會發現，我們來到人世的這一回，遇見的每個人、每件事，其實就是來讓我們更認識自己的⋯⋯。

我在19歲那年，歷經喪父之痛，父親正值壯年，離世時享年四十四歲⋯⋯於是父親從小疼我如掌上明珠就獨自一人在生命的河流裡載沉載浮，雖然上有兩個姐姐，下尚有一個妹妹，父親一天的天人永隔，這是我生命的第一個重大悲傷事件⋯⋯25歲的黃金年華，民國82年10月30日我選擇了和先生因一見鍾情的自由戀愛而踏入婚姻，白雪公主嫁給白馬王子的幸福快樂人生，因為當了保人，婚姻的第四年即開始面臨我生命中的不可承受之輕，第二次的重大悲傷事件，85年我們必須面對生命財產的重大損失：破產，那時在內湖裝潢數百萬的新婚幸福之家，就在我們不會處理，不敢處理，不知如何處理之下，被法拍了⋯⋯軍人退伍的先生情何以堪，在天人交戰之下，我們選擇離婚來面對無法收拾的殘局，82年結婚，在幸福美滿的新婚生活前幾年83、84年都流產，因為當了保人導致85年破產，86年我們決定各自紛飛選擇了婚姻的盡頭離婚這條路，然而，我們是那麼善良和努力，只是因為被牽扯陷害的財產損失，終究唯有愛的力量能跨越一切的障礙，87那年，我們選擇再復合，在負債中修復我們的婚姻、修復我們的人際、修復我們的財富⋯⋯以及我們用百倍千倍的努力賺錢，希望賺回我們所失去的一切⋯⋯在正能量正念的期待下，88年我的老大出生了，母以子為貴的驕傲和期待，我只想把所有母親可以給出的最好的全世界給我的大寶貝⋯⋯但是，對於負債中的一個母親，我所能給我的孩子

的，就只剩下超越宇宙能量連結天地的祈禱與祝福了，於是，我用盡一個母親最偉大的愛，期待未來所有最好的一切能降臨給我的孩子，就這樣在為母則強的強大能量推波助瀾之下，沒想到我又接著懷了老二，懷胎十月的焦慮、不安、恐慌、負能量全灌進了我的身體，我的胎教，我的身心靈……不相信自己可以同時照顧兩個寶貝的我，心中升起了最壞最壞最不可思議的心念種子，就是我竟然覺得自己在懷第二個寶貝是一個不適任的媽媽，覺得自己怎麼養得起，怎麼對得起……甚至有了不想生下他的念頭……回顧至此，那種對兩個寶貝在肚中懷胎十月的正信念和負信念所種下的種子，就這樣，人家說母子連心，透過血液、心腦合一的傳遞、信念的種子一旦埋下，無論好壞，都會成真……就這樣，貼心的老二天使一定是在母親的子宮中就能感受到了、聽到了母親的焦慮與不安，忐忑與懷疑，所以，善良的寶貝，就這樣在99年出生的四個月，選擇了趴著停止了呼吸，在印傭幫老大洗完澡，也想幫他洗澡的意外下發現，他圓滿了焦慮母親懷胎十月在心中種下的不想生下他的負面種子，而我就這樣再一次承受生命中不可承受之痛，在面對財產損失之後，再一次面對我生命中的第三個重大悲傷事件的承載，而這個悲痛，卻是我從一開始懷孕，就自己種下的信念，面對自己無法承受的再一次的生命之慟的重大悲傷事件……老天爺！所謂信念創造實相，如果所有的劇本都是我們的想像，如果人生的劇本都是我們自己的心念所導演，就這樣，為人母的我感受到了我們母子相連的無形能量就已經深深地影響著我們的家庭生命樹的生長了，何須語言？何須劇本？就這樣，我用自己活生生的正負信念和無形的量子糾纏親子故事，開始在婦女團隊公益團體、國中小輔導室的志工培訓、父母成長和教師增能的公益講座和親職教育中，用自己的生命故事影響更多的生命故事，用自己的生命故事，一場又一場的

希望改變更多父母和孩子的生命故事……至今，十幾年了，分享超過千場的親子講座、專業志工培訓、和自我認識、自我價值肯定的翻轉人生故事，沒有頂著顯赫的學歷或背景，在上天的安排下，走過一場又一場和婦女朋友台上台下一起哭、一起笑、一起聊夢想、一起鼓勵、一起愛、一起學習、分享、一起成長的生命教育講師歲月超過十五年，就這樣，我用自己真實的人生故事分享，在無心插柳柳成蔭上天的美好安排下，走上生命教育、家庭教育、社會教育和學校教育的整合專案執行暨講師的工作，一回首，從孩子在我子宮有心跳開始，如今，他也已經踏入社會了，讓一位平凡母親的不平凡故事，就這樣我們從親子家庭教育，邁向執行青銀共創的夢想創業孵化基地，因為我相信，如果家庭就是每個人的第一個事業，父母是我們的第一個老闆，孩子是我們最好的老師，願我們一起邀請更多的父母在愛中同行。

打開內在的神性，堅定的心性，唯有愛能克服一切障礙
每個人本身就是一個奇蹟，不僅不斷在演變、成長，而且永遠有接受嶄新事物的能力。　　——維琴尼亞・薩提爾

回顧十三年前，培綸老師也在2011年11月，由張老師文化和財團法人光寶文教基金會，合輯出版了一本《不光會耍寶：認輔志工守護孩子的故事》，由20位在國中小學校輔導室長期陪伴親子成長的志工媽媽，我們以無與倫比的認情與堅持，寫下讓專家、學者、親師生都動容的篇章，正所謂真感情好文章，每個人的存在其實就是一場生命的奇蹟，沒想到在孩子長大成人出社會後的2024年8月，我竟也能在台企會和我敬愛的一群優秀企業家們，一起再出版一本上天巧安排的愛的合輯《企業創新與使命》，今年五月三十日，我在台企會黃信維創會

長的支持下，在台企會成立了企業智慧學苑菁英講師聯盟，期待過去在陪伴親子成長營造幸福家庭專業領域裡，也能與更多有社會影響力的中小企業老闆們，拋磚引玉幸福聯盟經營幸福企業的中小企業老闆創業導師們，在澆灌百年企業愛的種子的同時，大家一起推動企業的心幸福種子法則，所有你獲得的，都是你給出去的，種子很小，樹可以很大，一種讓幸福從心開始的靈魂覺醒與天賦自由啟動，你認識自己嗎？你知道自己從哪裡來？又要往哪裡去嗎？你知道你的天命與使命嗎？你愛自己嗎？你有熱情嗎？你有生命力嗎？

在十幾年的講師生涯裡，就這樣在陪孩子成長，遇見與美好的自己的親子共學過程中，我在光寶文教基金會的社區認輔講師培訓裡，負責超過百間小學的親子講座、父母成長的開發、企畫和執行帶領，就這樣我更接手了世界宗教博物的種子校園代表推廣活化計畫，蘆洲李宅古蹟文教基金會的古禮抓周活化計畫，王群光自然診所跟著王院長推廣不打針、不用藥，不開刀的全台自然醫學推廣與實踐將近十年，在北市政府、新北市政府協助社區發展協會社會企業公益行銷發展與推廣，樂齡大學的專任講師，更是社會局兩性成長、婚友聯誼的企畫、執行活動帶領人，曾經和台北市文化局迎大稻埕月老在板橋林家花園舉辦脫單婚友聯誼，拋繡球活動，十幾年專案為勞動部執行多個公益團體的多元就業方案活化計畫，每三年執行一個專案，十幾年過去了……特別值得一提的是，我就像是一個生命魔法師一樣，每一個到我手上公益團體專案，特別是帶著一群單親、弱勢家庭、特殊境遇家庭或負擔家庭經濟之高齡、低收入、身心障礙等工作者，在地出發，在地創生，卻也能每每創造出佳績，於是，翻轉生命，翻轉奇蹟卻成了我一生的事業與志業。在跌跌撞撞、起起伏伏的人生路，走過成家立

業30年，我始終相信苦難是化了妝的祝福，唯有走過大難之也，必也是上天特選的大福之人，願以2024九紫離火運之年，感恩我的家人和曾經一起打拼同在支持的夥伴，再開啟用生命影響生命，用生命改變生命，把自己活成一道光，照亮自己，更照亮一路同在的家人、友人一起光光相照，點亮心中的一盞明燈，讓每個大人、小孩內在原本就有的光與愛，因為你，因為我而更美麗！更美好！更燦爛！

我知道，我們會開始一場又一場的愛的活動、愛的講座、愛的聯誼、愛的出版、愛的旅行、愛的故事……讓我們在一個又一個愛的故事得交流中相遇時，我們相信奇蹟，更相信命運的所有美好安排讓我遇見你，願我們的量子糾纏，是來這個世界一起體驗生命的所有美好，一起遇見生命得無限可能！

讓我們一起做自己和別人生命中的天使，讓夢想成真！僅以泰戈爾<用生命影響生命>，感恩與祝福那些正在生命中迷茫的靈兒，早日找到回家的路…而那些生命的苦難，也正是引導、提醒我們走向覺醒的心靈成長之路。

方舟國際商學院
陳培綸 老師
CSR, USR, ESG品牌專家

CSR社企公益行銷
平台整合專家

陳培綸 顧問
我是一切的根源
認識自我、肯定自我
提高自我價值、發展天賦
百家點燈
千人傳愛 萬人啟航
百業聯盟 幸福撒種計畫

學經歷：
執行蘆洲李宅古蹟
發展社會企業CSR
勞動部就業計畫協助公益團體
培render社會企業CSR代表作品
光寶文教基金會十年
擔任北市、新北市國中小輔導室
認輔志工培訓講師~
從學校開發到講師安排計畫執行超過百所學校
協助世界宗教博物館各大企業、社團、學校認識
王群光醫師自然診所教育總監
協助全自然醫學健康講座CSR社會企業發展
集賢庇護工廠、自閉症協會、創世基金會等公益
推廣合作發展教育、公益、生態、永續經營商業
多元的社會企業CSR發展

人生，是 一階又一階歷事練心的學習與過程，是一場又一場的量子糾纏奇蹟，每個人都有自己從底層到頂層的修煉之路，從害怕、悲傷、難過、內疚、冷漠……到有勇氣、有意願、肯接納、有理性、有愛、有喜悅、有寧靜……到開悟……從底層到頂層的翻轉奇蹟之路，不只是外在的財富與名利的累積與堆疊，更是一場正能量與美好感受的提升之旅，我們真的相信，我們的存在，世界因為有我們而更美好！

泰戈爾〈用生命影響生命〉

把自己活成一道光，
因為你不知道；
誰會藉著你的光走出黑暗。

請保持心中的善良，
因為你不知道，
誰會藉著你的善良走出絕望。

請保持心中的信仰，
因為你不知道，
誰會藉著你的信仰走出迷茫。

相信自己的力量，
因為你不知道，
誰會因為相信你開始相信自己。

從底層到頂層的修練之路

活成一道光，做自己與他人的貴人
王寶萱

◆康博預防醫學集團 資深總監
◆臺北市大龍國小30年教師(16年主任)退休
◆財富流六商生命教練四年

我是王寶萱，1988年從北師畢業，懷抱著滿腔教育熱忱成為一名國小教師，這一走就是三十年，於是跟自己說：該是真正做自己的時候啦！於是選擇了退休，離開熱愛的學校，迎向新的人生！回顧過往，特別感念教師生涯中有十六年擔任各處主任，經歷了教育改革的種種歷程，尤以蒙陳清義校長信任，委以重任擔任總務主任完成八億的校舍更新統包工程、擔任教務主任完成兩校整併融合，接著回到輔導主任五年直到退休，三十年來的挑戰不計其數，看似不可能的任務一次次圓滿達成！實在是謝天謝地謝自己！

生命中除了信念，還需要有使命！我給自己的使命是：一、用生命影響生命，二、活成一道光，三、讓來到我身邊願意更好的人都因我而變得更好。當我們找到了自己的使命，真正了解自己，才能走向一生的圓滿。

感恩原生家庭：我是樂於付出的孩子

我從小生活在一個小康家庭。母親是全職媽媽，父親年輕時作為軍醫來到台灣，退伍後進入一家知名輪胎公司工作。在三十多歲時，他與二十一歲的母親結婚，共同組建了我們的家庭。

母親是一位非常有能力的女性，但她的一生都奉獻給了家庭，從未有過自己的職業生涯，這成了她心中的遺憾。我跟媽媽說：您的廚房是全家的核心，謝謝您把我們照顧的這麼好，您的價值是不可替代的。儘管社會常將「工作」視為成就的象徵，但在我心中，沒有任何職業能夠比擬母親對家庭的貢獻。

我們家有四個孩子，我是雙胞胎。父母雖然收入有限，但非常重視教育，讓我們都接受了良好的私立教育。升國中時我建議母親讓我和妹妹就讀公立學校，希望減輕經濟負擔。母親最終答應了我的建議，我也在求學過程中更獨立成長。

我從小就有幫助家庭的意識，無論是透過獲得的獎學金支持家庭，還是通過實際行動關心母親的需要。這些經歷讓我明白，我的角色不僅是一個接受者，更是一個給予者，其後在我人生的每一步，我學會了更多的給予和關懷，這一切都要感謝我的父母親。

為人師，既是付出更是學習

選擇讀師專對我來說是人生中非常關鍵的一個重要轉變。師專規定住校非常嚴格，這是我第一次離開家，面對所有的生活挑戰，我必須克服種種弱點，包括對黑暗、鬼魂和昆蟲的恐懼。在這五年的師專生涯中，我不僅通過了嚴格的教育訓練，也鍛鍊了我強大的心智力。

在學校的社團活動中，我選擇加入了慈幼社，在寒暑假期間到各學校進行義工服務，與孩子們共度時光，引導他們學習和參與各種活動。這些經驗不僅豐富了我的求學生涯，也讓我感受到了在教學過程中傳遞愛與關懷的重要性。

身為一名教師，我學會了教學遠不止於傳授知識，更是一種用生命影響生命的歷程。我曾在校門口攔下一個活動進行中情緒爆炸企圖逃離校園尋死的學生，也幫助過許多因家庭和學校環境而行為嚴重偏差的

孩子，這些經驗讓我深刻意識到教育的真正意義，是用心的力量全然的接受、相信和允許。

現在是AI宇宙和人類覺醒的時代，教育的方式也必須與時俱進。如果我們不能與孩子們的思維和語言保持一致，將難以理解新世代的思維。教育勢必要跳脫傳統的教學方法及思維，鼓勵孩子勇於創新和學習做選擇。

把自己活成一道光

很慶幸在天命之年已能自主選擇過人生，自107年退休後就忙著學習不曾間斷，一路走來，EQ講師培訓、卡內基、數字心理學、財富覺醒營、財富教練營、身心靈、能量學、NLP、十色性格、探索……等等，還真是不算少，每一種課程都非常受用，妙的是這些學習也成為我邁入企業界的強大動能！我深信信念存在於深層的靈性中，我深信愛是化解一切的力量！是信念引領著我，即便途中遭遇無數艱難和挑戰，也依然可以堅持不懈。

如今我是一位有使命的財富流教練，依然走在自己熱愛的教育之路上，透過財富流沙盤這一套模擬人生的工具，四年來帶了超過200場，每一場沙盤推演都是一場用生命影響生命的真心交流，不但幫助了許多人獲得內在覺察的力量，進而拿回生命的主導權，翻轉出不一樣的人生，自己也收穫到滿滿愛的回流！神奇的是當我在說身心靈必須要合一時，因緣際會我又累加了兩個身分：康博預防醫學集團康見國際資深總監、愛因思卡國際實驗學校副校長，讓我更加確認：生命的樣

態和結果都是由自己的選擇和創造而來！

我深信，逆流之中必有恩典，自己是一切的根源！感恩一路上所有的一切！當我們能夠真正看清事物的本質時，我們將體會到恩典無所不在。人生充滿了選擇，每一個選擇都是為了成為更好的自己！我喜歡這樣的自己！勇敢做自己，真好！

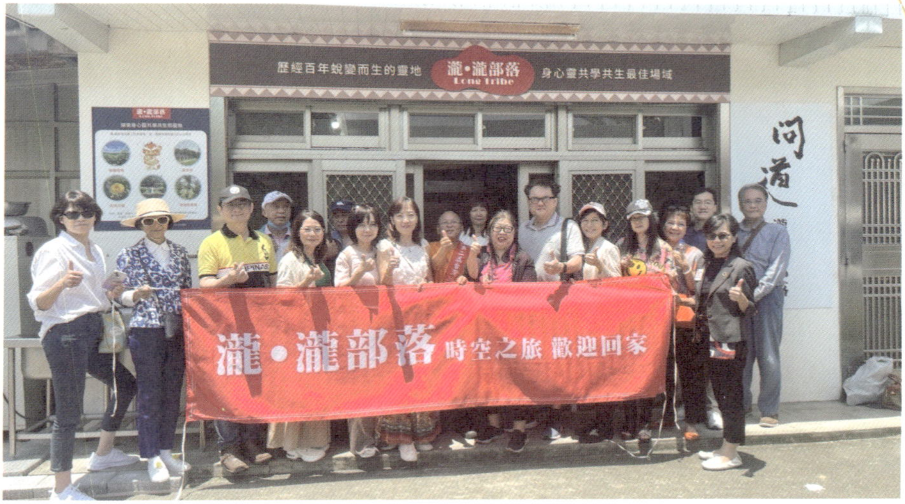
歷經百年蛻變而生的靈地
瀧・瀧部落
Long Tribe
身心靈共學共生最佳場域
瀧・瀧部落 時空之旅 歡迎回家
同道

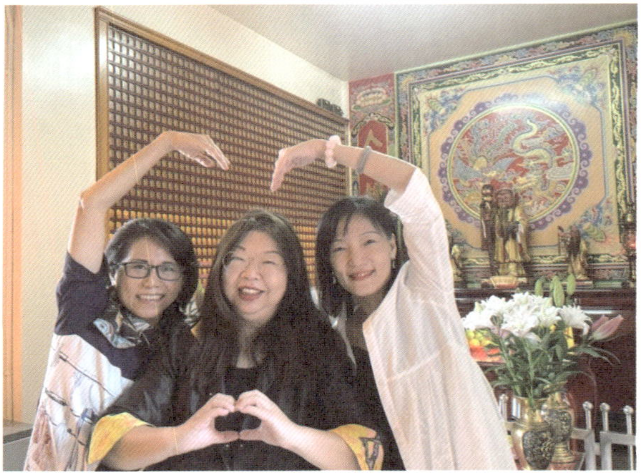

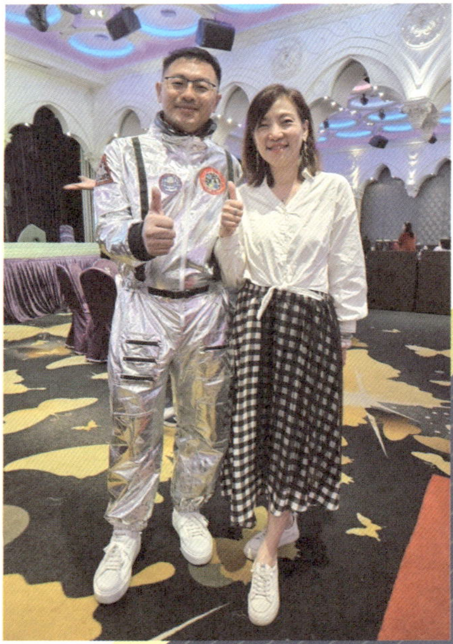

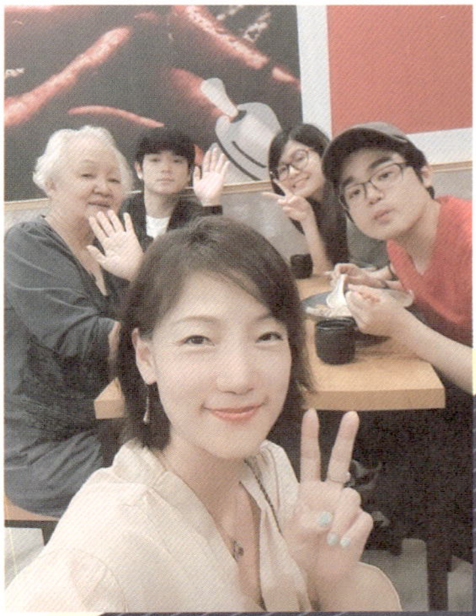

女性創業家的成功推手
創業貸款教母 王子娘

王子娘創新賦能系統　創辦人　王子娘

政策性貸款唯一合法教學
不抽成　不代辦
創業天堂路　王子娘與您共渡

104 台北市中山區錦州街48號10F-2
0976283888　02-25816858
a0976283888@gmail.com
官方LINE:@princemom

經濟部發布最新《2023 中小企業白皮書》資料顯示，女性企業主佔比高達38%！萬事達卡發布最新《2022 年女性創業指數報告》，台灣女性創業力全球排名第 6、亞洲第 1！在台灣，女老闆滿街都是。

身為女性創業家的「王子娘學府」負責人王子娘，一邊育兒一邊創業，在銀行界借貸圈子叱吒風雲 16 年，還創下金融圈裡的傲人紀錄，成功幫 3 千家新創企業取得貸款！並在8個月期間，幫助許多創業小白獲取資金撥款超過 5 億元！

王子娘身為同樣是女性，她觀察到女創業家有三大優勢：分別是「多功能」、「身段柔軟」、「細緻」。第一，多數女性習慣在生活中發揮多功能，轉換到工作領域，女創業家能身兼多工。第二，女創業家柔軟的身段，也能在談判或溝通中發揮良性作用。第三，女性通常在細微之處展現體貼，有助於經營客戶關係。在創業的圈子裡，以女性創業來說，王子娘可說是女力創業主的典範。

王子娘所帶領的「王子娘學府」之使命為：協助中小企業蓬勃發展，提供全方位一條龍創業貸款支持，促進創業者實現夢想，營造繁榮可持續的商業生態。

願景：成為中小企業的引領者，攜手創業者實現成功，並共同建立一個繁榮且可持續發展的商業生態，為社會繁榮作出積極貢獻。若談論到王子娘與市面上眾多的代辦公司之差異點真的非常大，這也是我們贏得客戶信任的關鍵。

1. 豐富的行業經驗：
擁有16年的銀行企業貸款審核部門經驗（最後職位為：審核部門資深經理），持有包括國際認可的理財顧問（CFP）在內的23張金融證照，王子娘在指導有志創業者應對創業貸款複雜性方面具有無與倫比的專業知識。

2. 穩健的成功紀錄：
成功協助超過3000家新創企業取得貸款，王子娘的成績單使她脫穎而出。目前已幫助中小企業主共達撥款5億的龐大數字，這個成功率證明了她實際知識和有效應對貸款審批過程的能力。

3. 全面的創業教育：
「王子娘學府」提供全面的50堂課程，提供客製化的一對一輔導，引導創業者準確且合法地申請青年創業貸款。這種方法與傳統的一刀切服務有所區別。

4. 道德經營實踐：
「創業貸款教母」王子娘強調我們為非以盈利為目的的代辦公司。學費合理，沒有佣金結構，以及對一年陪跑的承諾，使其在與以盈利為中心的競爭對手區別開來。

5. 適應數位學習趨勢：
王子娘認識到學習偏好的轉變，促成實體講師轉型為線上課程輔導員。有著一口好功夫的講師，只要帶著腦袋裏的知識和ppt到王子娘學府來錄課，其他後製不需另外學，產生被動收入，連睡覺都可以讓購

課網站持續賣課，這種適應數位平台的做法不僅擴大了教育的覆蓋範圍，還簡化了資深講師的學習體驗，更減少了講師勞途奔波的辛苦。

6. 青年賦能計畫：
王子娘不僅局限於傳統課程，還與年輕一代互動。鼓勵精通Instagram和 TikTok 等社交平台的人創建內容，確保相關的、最新的知識傳達給更廣泛的受眾，滿足動態市場的當代需求。並且，幫助新創企業主採訪攝影串流自媒體網路世界，帶著矇矇懂懂的頭家們，打出自己的品牌戰，且是用最小的成本，得到最大的廣告收益。

7. 強調社會責任：
王子娘以提供有價值的知識給有志創業者為社會做出貢獻。並且帶頭做公益。讓這些新創企業主學員們學習王子娘老師回饋社會的脫凡精神。隨手可得學員見證和案例，其中一個已經要去借民間借款的學員，讓人眼睛為之一亮。

報喜文中學員寫出真實的心裡想法和過程：「實在很不敢相信，記得我在六月成為您實體課的學生。當時，我第一次知道有聯徵這種東西，調出來的分數慘不忍賭，只有499分，本來還被您配合的學院要求退費不能上課，原因是1年內可能無法通過創業貸款。心裡難過的緊，非常感謝老師您不厭其煩，教了我整整六個月的佈局、救jcic分數，我本來打算1月底就要去借民間中租了，利息被告知是16%，實在借不下去。但是，不借，真的過不了這個年關，員工薪水差點一個都發不出來，還好當時您說了一句話：老天會疼惜真正做事的甘苦人！因為這句話，我決定賭了，我很誠實地配合所有銀行要的東西，也聽從

老師的教學，一步一腳印，終於皇天不負苦心人，歷經六個月的期間，信用分數極大幅度的提升，銀行要的東西，我也很確實地做。非常感謝王子娘老師的幫忙和耐心的指導，有時，我下班，從高雄上來，都已經晚上 19 點，您還是陪著我，一直教我到凌晨兩、三點，這次的失業創業貸款，不多不少，核貸了 200 萬，解了燃眉之急，我們全家對您的感激，實在無法用言語比擬」。

我們身為孕育台灣最重視中小企業主之領頭羊，責任重大。在課程中，從第一節開課起，就會語重心長地告誡各新創企業主，莫忘初衷，在我們的教室裡，有著種種的標語：「拚搏、堅持、誠信、奮進、毅力、慎思、努力、行動」！我們時時告訴學員，秉持著「取之社會，用之社會」的盡善盡美之心態來善盡中小企業的責任，提供良善的就業機會，王子娘學府從自己開始，因為希望每個企業主都能夠過個好年，能有充足的資金，發給年終獎金，所以，我們馬不停蹄地在去年十二月至今年二月，我們每個月開正課至少十五天，為的就是趕快輔導、教學、統整、健檢所有企業主的「創業營運計劃書」之商業模式、獲利賽道、授信 5P 是否能符合銀行、政府認為會賺錢的企業；若有企業主寫出來的計劃書模式不對，那表示在實際營運中也會有同樣的問題，我們王子娘學府所有的團隊就會陪著上課的老闆們，抽絲剝繭地帶著頭家們找出問題之所在，並且，我們更是市場上，唯一要求企業主必須真正落實 ESG 的合法教學創業計劃書的學府，我們的團隊常常忙到全身無力回家，但是，只要聽到學員們成功通過創業貸款，就會像是懷胎十月生出孩子般地開心不已！當然！書寫都只是紙上談兵，最重要的還是實際營運，確實把寫出來的商業模式運作出來。

王子娘學府短中長期目標：

短期規劃：

1. 和台企會密切合作，創設台企會創業平台一門珍貴的「創業貸款課程」
2. 希望能在今年，王子娘學府能再拿5個重要具有影響力的獎項。

中期規劃：

1. 加入「siti補助教學」，讓企業主能在王子娘學府學得創業貸款和siti補助款並行。

且我們成立了錄影室，幫助新創企業主用最少的錢打造自己企業品牌，並定時聘請會計師、律師、自媒體短影音專家來讓學員免費學習有開創業的一龍式的專業知識。

長期規劃：

1. 因王子娘本身也是中華全球講師評鑑認證協會理事長，因此在113年下半年起，會積極培養各領域優秀講師。
2. 期許與台企會企業智慧學苑陳培綸主席能長期地配合，我們將培養12個種子部隊，並擴大青創貸款與鳳凰貸款的講座次數，讓台企會新創企業主會員能得到合法性的創業貸款一條龍的教學服務。
3. 最後的規劃是希望能成為「王子娘集團」，並且在台灣上市櫃。

能夠成為帶領台灣經濟起飛的各中小企業主口中的「老師」，背負著頗重的看不見之責任！但，王子娘打從心底由衷做的非常開心！相信老天給的這個使命，正一點一滴地蘊釀著讓台灣整個國家要擺脫疫情三年的陰霾，龍鳳呈祥，再創國際上輝煌的經濟動脈。

台日卓越創業家大賞

每堂課後學員諮詢不斷，老師努力不懈熱心解決所有問題。

課程深受創業市場好評，場場爆滿。

貸款教母 王子娘
Loan Lecturer

關於王子娘

王子娘由來，因生了一個早產兒男寶寶，加上我先生姓王，所以我的大兒子叫"小王子"，3年前我兒剛出生時的4個月內，非常難照顧，不斷進出小兒加護病房，當時我求助無門，只好在網路上從0開始自己創了1個1千多人的早產兒社群及另3個母嬰群組（共近5000人），小王子的娘，所以大家都叫我〔王子娘〕，因此"王子娘"成了我的個人品牌名！

如果你是(想)

1. 未創業（有想自己當老闆的人）
2. 稅籍登記（要改公司貸更多錢的老闆）
3. 已創業（需要更多資金的人）
4. 低利率（想要低利率貸款的人）
5. 透過代辦公司已申貸成功被剝削過
6. 養成正確的信用培養和觀念，懂得如何與銀行往來？讓您信貸、房貸都All Pass的人
7. 想學siti補助、ESG補助、減碳補助申請

聯繫我們

- 02-25816858
- a0968088388@gmail.com
- 台北市中山區錦州街48號10樓

實戰經驗 23張金融證照

中華全球講師評鑑認證協會 理事長
112年百大最具影響力企業得獎者[王子娘學府]
22屆金像獎得主（113年1月電視頒獎）
2023年人間有愛傳善獎得獎主
112年十大傑出青年候選人
CFP(國際理財規劃顧問)
輔導超過3000+間企業貸款
王子娘學府創辦人
國立科大育成中心-創業講師

創業計劃實戰營

16年銀行審核經理出身
只收一次性合法教學費用
學員申辦高達98%過件率
輔導新創學員撥款超過5億元
一年陪跑協助同學申辦兩次平均可申貸500萬

王子娘學府宗旨

不抽成
不代辦
1年陪跑教學
一年內輔導學員兩次創業貸款申請，現訪、電訪模擬

王子娘學府　　中華全球講師評鑑認證後協會　　王子娘文教集團

共好 傳承 揚升

保險與理財是對自己與家庭
負責的具體表現　也是愛的延續

財顧達人 Yung Tsai Wang 王永才

保險與理財是對自己與家庭
負責的具體表現　也是愛的延續

財團法人觀音根滿慈善基金會
執行長　王永才博士
0933-903-882
103台北市大同區重慶北路三段240號
02-87736080　03-439-1755
wang01000@yahoo.com.tw
官網：www.kind.org.tw
劃撥帳號50433195　統編#85288567

從白斑病、心理陰影 高中畢業工廠作業員
到保險主管、博士、慈善基金會執行長

1968年，樸實又辛苦的王家誕生了第三個小女娃，依王姓家族字輩分「才」字排序，又出生於永和，即取名「王永才」這個略帶剛性的名字，在未來的五十多個年歲，跨越生命中無數的「檻」，並將心中希望的工作、事業、家庭與社會責任，圓滿地逐一實現。

父母受到傳統集體意識的影響，始終不喜歡女孩，突然出生的女娃，也造成家境的困境，四歲的永才十分可愛，所以鄰居的老先生想幫忙養這個小女孩，父母雖然送去，但是小女孩一直跑回家，多次之後永才就被留下來，更可愛的弟弟在隔年誕生了，父母關愛的目光瞬移至弟弟身上。

從小家中經營「萍萍手工藝社」，在川流不息的婆婆媽媽群中（全盛時期約有三千位），我憑著察顏觀色的本事，且又討喜扮演著端茶招呼接待的小幫手，自小就很會討人歡心，及早就開啟我與社會接觸的人際交流。

在那個紡織業與家庭代工興盛時期，不僅增添許多家庭的經濟能力，也幫助許多家庭的經濟，父母親是透過一個手掌大小的黃色小本子，記載成品收件數量與金額，都在月初結算，這時就缺不了我這小幫手，在經年累月的練習之下，讓我從小就很了解金錢的計算與管理，因為需要我將帳目計算完畢後，再一個信封、一個信封地寫好、包好每一份工資，接著由父親一份一份送到代工者的家中。或許是自小耳濡目染的關係，我在小學四年級時就很會賺各類小錢：譬如聖誕節賣卡

片、平時賣毛線，也會勾圍巾拿去賣，待累積一筆錢就捐助到附近的孤兒院，更把自己的零用錢分享給同班的二個住在孤兒院的同學。

十三歲那年，身上莫名出現一個不規則的白色斑點，尋遍中西醫都無法治好，隨著成長，這個白斑在我全身肆意的擴大生長，父母也經常以此為由爭吵；在父親重男輕女的觀念下，我從竹林高中畢業後，十八歲就出社會，從事電子工廠作業員，那時家中其實有三棟房產，具備讓我繼續升學的能力，但家中資源分配中，我常是被排在最後的，外表的創傷與父權當道的對待，造成了心中的陰影，就此度過了灰色的青春期。

有人說：「有陰影就有陽光」；一個只有高中畢業、身上長滿白斑、十六歲父母離異、常被父親重男輕女且惡口咒罵嫁不出去的青春少女，差一點就要被父親嫁給隔壁48歲的鰥夫，然因為我很堅持不願意，最終父親也就作罷，這種年紀境遇，永遠看到的只有陰影，看不到陽光；而在之後卅年的生命歷練中，我終於慢慢知道：「只有成為光一般的存在，陰影才不復存在。」

一次意外改變人生　　直面問題磨練智慧

在一個雨夜下班的歸途中，意外發生了，我摔車飛了出去，卡在一台大卡車的輪下，應該是老天爺的眷顧吧，車子並沒有輾到我，卡車掃過冷冽的風，透涼地掃過我的後腦瞬間……「我若死了，父親誰來照顧？若重傷住院，不能工作就沒收入……」等等的念頭在我腦中瘋竄。於是我強忍著痛楚抬起了機車，立刻跑到從事保險業同學母親的家中，用我人生正式上班的第一份薪水，買了人生中第一張人身壽險，

就此與保險結緣！

在一次生病住院後，因為有保險日額2萬的賠償，讓我又一次順利的度過人生意外。經驗告訴我：保險≧儲蓄；理賠≧意外損失；保險是如此的美好，我一定要好好地分享、推廣與經營。因為死掉的豬可以賣很多錢；可是死掉的人還要花更多錢。

出職場幾年後，身邊也不乏追求者，那時的我正與同學經營一家優格專賣店，認識了一位冷凍技師，經過長時間交往，漸漸了解他為人謙和、善良單純、沒有太多的物質慾望，對父母非常孝順，對長輩也是由衷的尊重，而且非常的愛我，所以我最後決定與盧浩玄先生攜手共創人生。

婚姻不是兩個人結縭，是兩家的融合，王家是個道地的外省家庭，夫家則是本省家庭，公公婆婆雖是與人為善的敦厚長輩，但由小姑們實質當家，至今仍如這螯蝦般舉著兩支大螯……。隔閡引發的婆媳與姑嫂問題，如同肥皂劇般一集一集上演，在兩個截然不同的原生家庭中，為處置種種問題，須用智慧去解決，而非簡單粗暴的出手傷人、出言傷心。婚姻生活讓我明白：問題、問題、問題…，有了智慧，才可以圓融解決問題。

天使寶寶誕生為母則強　　突破侷限創造價值

婚後一年我懷孕了，二十五歲時大寶出生了，看著這個懷胎十月的新生命，我熱淚盈眶。大寶看起來文靜可愛，但是為何不會說話，直到三歲才開始說話，經醫生檢查後，確認我的大寶是需要特殊教育的，

意謂著無論我在世或辭世，都需要龐大的金錢。

為顧及家庭財務收入與照顧心愛的大寶，我做出人生第二大選擇：做一個保險從業人員，分享我因病住院，可以藉由為數不多的保險費，度過難關、並有效規避風險。1991年4月我進入南山人壽，從業務代表一路晉升至經理；其後轉戰內勤在台灣人壽綜合企劃室主管歷任行政主管與分公司經理；97年3月接任南山人壽桃竹地區主管；107年8月接任遠見保經營運長。

無論時代如何變遷，壽險的需求與社會大眾的相連度，始終是其他行業望塵莫及的，而團隊發展更是延續壽險生命最重要的一環。曾經有位壽險前輩說過一句話：「會選擇從事壽險業，本身性格上是不太屈服別人的。」在這種情況下整合就成了相當大的學問。直轄單位的特色是擁有來自四面八方、完全不同個性的英雄好漢，且看如何在各崗位上相互支援，憑著共同的目標，創造壽險業的巔峰。

我統轄處經理職務，突破侷限，運用分層管理方式將中壢直轄拆分成小體系，將各體系以通訊處看待，賦予體系區經理的要求重任，並透過各種訓練課程、競賽方式及資源、經驗的分享，栽培有心發展的業務主管及同仁，達成共同的目標。

有人曾說，堅持與專注方能成功；我做的則是先評估、選擇做對的工作，並忠於自己的選擇，堅持與專注的創造出最高價值。

放大格局學習、學習再學習　　放眼傳承後浪

自我進入保險業界起,即開始不斷學習,並取得從業所需的證照。三十四歲時我考入淡江大學企管系,三十八歲取得學士學位,其後欲罷不能的取得淡江保險經營研究所碩士學位,並分別於中原財金系、致理風保系任教,得償了小時候想當老師的夙願。並於2021年7月取得了中原大學企管系人力資源組博士學位,在就學與任教期間,我發現傳承的重要性。

多數人對於「自我實現」的認知就是成功;但到了某個人生的階段,人生想完成的不只是個人事業的成就或財富的累積,而是讓社會更好,世界更光明的宏願。

當年我在保險事業一切順利時,自覺不足,便毅然而然選擇放下工作去念書當學生,在當時,成功的定義對我而言不只是財富,而是比金錢更有價值的知識。

這幾年我更積極開始做「校園徵才」,而不是去開發多金的財團,因為我看重的也絕對不是財富,而是能盡綿薄之力,幫助這世代茫然不知所措的年輕學子找到未來的路。在台灣出生於五〇、六〇年代的人,生活與整體經濟條件相對較好,感恩上幾世代前人的播種,今日我們才得以享受前人的果實。

在就學與任教期間,我發現七〇年代以後的年輕人,資源與經濟條件在逐步下滑中,而且傳統教育中,沒有在教「金錢是甚麼?」,更沒教如何去賺錢,所以我跨領域選擇人力資源研究,並取得博士學位。

從此開啟了產、官、學整合的概念，並分享我人生與工作的經歷成長結晶，「後浪」一書就此誕生。

五十後的意外領悟　　從我到我們的共好

五十歲前的我已經可以不用再為金錢煩惱，然而父親常年臥病在床，為了照顧父母，我不顧婆婆反對將父親接回家來照顧，獨自承擔每月二十餘萬鉅額的開銷，當時我的身體亦發生問題，做了全身MRI檢查，全身竟然長了十三個腫瘤，其中一個在腦部，但為了照料父母，一直到三年後父母相繼辭世，完成他們的後事規劃後，才去動手術。

屋漏偏逢連夜雨，其間被認識三十年的好友介紹投資詐騙，讓我損失千萬，而且還面臨腦部手術後引發且無法擺脫的水腦症，之後又去做脊椎穿刺引流，為我以後的人生埋下不可預知的地雷，此病最大的問題是記憶退化、反應遲鈍，或腦幹受損引發生命危險。雖然花了近六十萬開腦部手術，在這次事件中，保險的理賠又在我人生意外中突顯了無比的重要性，因此沒有後顧之憂。

「共好」，指的是人人以正確的方式做正確的事情，而且得到正確的報酬。此原是美國印地安人的用語，傳說是印地安人從中國學來的，印地安人將中國人的智慧融入大自然的奧妙，而體驗出共好的三個主要精神：
1 松鼠的精神-做有價值的工作
2 海狸的方式-掌控達成目標的過程
3 野雁的天賦-相互鼓舞

共好的台語近似「講乎好」，中國人經商向來講究一言九鼎，只要雙方說好的事，必須信守承諾、執著到底，這和現代管理精神的「夥伴關係」(Partnership)可說是不謀而合。而這種夥伴關係，可以使每個人奉獻心力，釋放出巨大的能量，達到企業、夥伴、客戶三方共好共贏的境界。

多次的人生經歷讓五十後的我深刻領悟：保險與理財是真正負起責任的具體表現，也是對自己與家庭、企業三方共好的愛的延續，因此百忙中仍然堅持寫書讓更多人輕鬆學會保險和理財，能更從容因應人生各階段的複雜風險挑戰。

三本著作：雄才大略、後浪、行銷天才思考聖經

現任財團法人觀音根滿基金會執行長，透過『以成為「公益服務業的典範」為目標，將公益關懷的核心價值，幫助更多有需要的人。』來實踐對台灣這片土地的長期關懷與承諾。

觀音根滿慈善基金會執行長　　讓愛揚升

自從罹患水腦症後的我，現在生活重點是調整作息養好身體，嚴格管制工作並紀錄，創續創建共好團隊、做好世代交替的傳承。

在我的生命中，我死了不只一次又一次：譬如小時候的瓦斯中毒與多次意外、青春期起的白斑肆虐至今、出社會後收到第一份薪水時的機車事故、甚或是五十歲時健康檢查發現全身十三個腫瘤，並經歷開腦手術！

人生總是伴隨意想不到的意外！如果老天不收我，就讓我以此生的歷練，傳承世代：
做好選擇→堅持選擇→極致努力→提升生命→綿延傳承→共好揚升。

現任財團法人觀音根滿基金會執行長，透過『以成為「公益服務業的典範」為目標，將公益關懷的核心價值，幫助更多有需要的人。』來實踐對台灣這片土地的長期關懷與承諾。

財團法人觀音根滿基金會目標及策略：
1. 推動兒童福利，落實兒童及青少年福利。
2. 推動身心障礙者福利，建置連續性的服務資源。
3. 推動婦女福利，發展弱勢婦女服務模式。
4. 推動長期看護推廣，滿足高齡社會需求。
5. 發展素食推廣，提升民眾吃素之意願與便利性。
6. 提供獎學金，獎勵優秀學生與清寒之學子。

【個人著作】雄才大略、後浪、行銷天才思考聖經

【工作資歷】
1. 錢雜誌、好險網－理財、稅務專欄作家
2. 任教:淡江大學經濟系　　3. 好險網、專案顧問
4. 觀音根滿基金會執行長　5. 遠見保經大有台北營運長

【社團經驗】
一、101/1~102/12/31亞大經濟研究社理事
二、102/1~103/12/31中華民國理財規劃協會FCHFP常務監事
三、106~108　中華民國淡江大學全系友會.常務理事
四、106~ 108　中華國淡江大學企管系友會理事、理事長

【獲獎紀錄】
1. 竹林高中傑出校友　　2. 淡江大學企管系傑出系友
3. 南山人壽榮譽會高峰、環球會議、增員比賽、
　 雄鷹賽全國第一、榮譽會全國第一
4. 台灣人壽分公司　全國第一
5. 中華民國壽險公會　優秀業務人員

【證照】
1. RFC國際認證財務規封師
2. AFMA 高級金融管理師
3. 壽險證照、外幣證照
4. 產險證照
5. 信託證照
6. 投資型保險證照
7. 理財規劃師證照

財團法人觀音根滿慈善基金會董事長劉建三與執行長王永才協助薪傳二手書店黃館長在新竹也創立一個分部，即「薪傳觀音根滿新竹分部」。本學期主要是透過國立陽明交通大學校友會總執行長陳俊秀，及服務學習中心的合作與媒合，招募優秀又有熱忱大學生擔任志工老師，實踐社會服務。

薪傳觀音根滿新竹分部籌備了超過一年的時間，於日前舉辦開幕揭牌儀式，並邀請素有牡丹王之稱的邢萬齡畫家到場進行畫藝展演，到場祝賀還有新竹市教育處副處長張品珊、新竹市議長許修睿之夫人林俞之代表出席、新竹市議會國民黨團總召陳慶齡、新竹市議員張祖琰、黃文政、黃美慧、吳旭豐、陳治雄、嘉義縣義竹鄉長黃政傑等人共襄盛舉。

新博力：ERP軟體系統領航家

王瑞敏

新博力資訊科技有限公司
地址： 台中市太平區立德街89號
電話：04-23953462 ／ 0918-008977

新博力資訊科技致力於ERP軟體系統專業創新，是一值得信賴的ERP系統評估顧問專家，經由客戶產業特性與產業專屬需求，協助客戶評估選擇合適自己企業的ERP企業資源規劃系統，並透過提供高效、智能的ERP解決方案，協助客戶實現業務流程優化和效率化提升。深知企業在競爭激烈的市場中需要不斷創新以保持競爭力，因此，新博力資訊科技的使命不僅僅是提供一個軟體平台，更是成為客戶成功道路上的夥伴。

在不斷演進的數位時代，致力於整合最先進的科技，以滿足客戶多樣化需求。ERP軟體不僅具備強大的功能，更強調使用者友好性和靈活性，以確保客戶可以輕鬆地適應不斷變化的業務環境。透過持續的研發和創新，不斷擴展軟體功能，以滿足不同行業的需求。目標是成為客戶在數位轉型過程中的信賴夥伴，提供全方位的解決方案，助力企業實現數位化轉型。此外，我們重視客戶的反饋，不斷改進和優化ERP系統產品。持續學習和改進精神是我們企業文化的一部分，也是確保我們能夠與客戶共同成長的關鍵因素。新博力資訊科技的ERP軟體服務，旨在因企業客戶創新之路上提供卓越的軟體解決方案，並通過不斷的技術創新和協作，實現企業和客戶的共同成功。

新博力資訊ERP軟體，致力於協助企業強力且有效率地導入ERP系統，並在此過程中確保成功。我們的ERP顧問團隊就像是一支超級英雄隊伍，擁有豐富的經驗和卓越的技術實力，可以在企業的數位轉型旅程中發揮強大的影響力。強調「執行力」的一面，這體現在我們的ERP顧問團隊的實力和專業知識。我們擁有經驗豐富的專業人員，他們不僅具有深厚的技術功底，還對不同行業的業務流程有深入的理解。這使得

我們能夠提供量身訂製的解決方案，確保ERP系統能夠完美滿足客戶的實際需求。

我們注重「有效率」的實現。專案管理團隊像超級領導者一樣高效運作，採用最佳實踐和敏捷方法。這保證了專案進度的順利進展，確保按時交付結果。透過明確的里程碑和主動的溝通，與客戶保持密切的合作，確保他們全程參與並了解實施的每一步。為了實現「成功導入」，不僅僅提供技術支持，更是客戶成功的夥伴。通過深入的需求分析，確保對客戶的業務需求有深刻的理解，並提供符合其期望的解決方案。這種與客戶的緊密協作確保了ERP系統能夠成功地整合到其業務中。

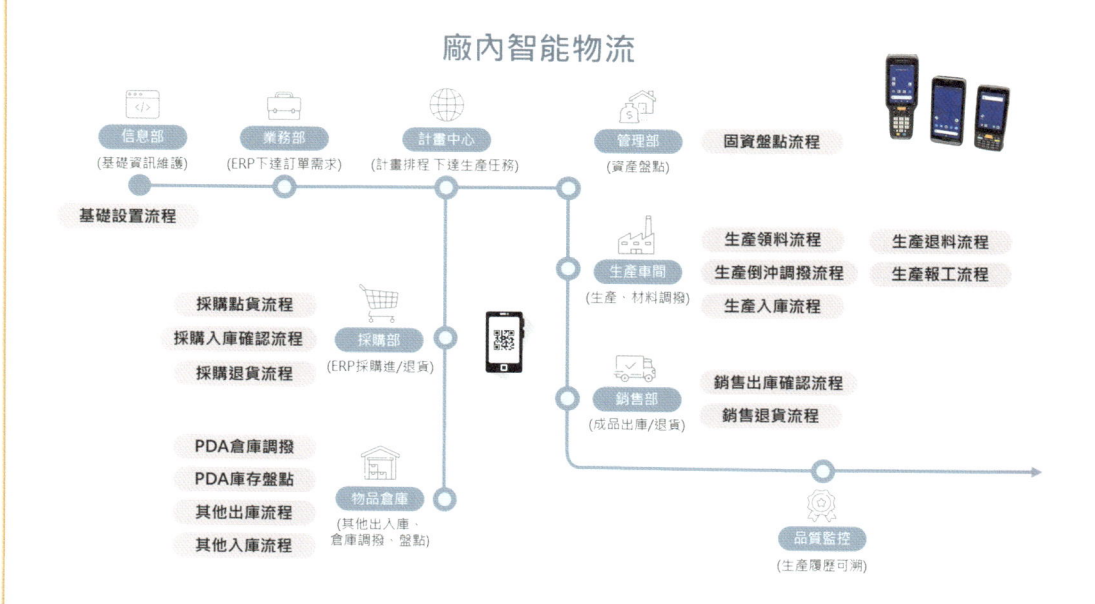

廠內智能物流

信息部（基礎資訊維護）— 基礎設置流程

業務部（ERP下達訂單需求）

計畫中心（計畫排程下達生產任務）

管理部（資產盤點）— 固資盤點流程

生產車間（生產、材料調撥）
- 生產領料流程
- 生產倒沖調撥流程
- 生產入庫流程
- 生產退料流程
- 生產報工流程

採購部（ERP採購進/退貨）
- 採購點貨流程
- 採購入庫確認流程
- 採購退貨流程

銷售部（成品出庫/退貨）
- 銷售出庫確認流程
- 銷售退貨流程

物品倉庫（其他出入庫、倉庫調撥、盤點）
- PDA倉庫調撥
- PDA庫存盤點
- 其他出庫流程
- 其他入庫流程

品質監控（生產履歷可溯）

在專案實施的過程中，強調培訓和知識轉移的重要性。不僅教導客戶如何使用新的ERP系統，還在整個過程中提供支持。這包括在上線後的持續支持和優化過程，確保客戶能夠長期受益於我們的ERP解決方案。我們的目標是提供強力有效率的ERP顧問輔導，確保客戶能夠成功導入系統。透過強大的實力、高效的專案管理、深入的協作和持續的支持，確保客戶在整個導入過程中獲得最佳的支持，實現ERP系統的充分發揮和企業的成功轉型。ERP顧問團隊就像是企業數位轉型的超級英雄，為客戶創造了一個充滿力量和成功的數位未來。

為持續推動企業的數位轉型，新博力資訊ERP軟體進一步致力於ERP智能APS有限排產系統的研發與精進。我們深知在現代競爭激烈的商業環境中，企業需要更智慧、更靈活的排產系統以應對日益複雜的生產需求。我們強調「智能」的重要性。我們的研發團隊不斷探索最新的人工智慧（AI）和機器學習（ML）技術，以提升我們的排產系統的智能程度。這包括利用大數據分析來預測生產需求，優化排產計畫，並提供即時的智能建議。我們的目標是透過智能技術，使排產系統更靈活、更敏捷，能夠自動調整以應對市場變化。

強調「可客製化APS有限排產系統」的專業性。深入瞭解不同行業的生產流程，並根據客戶的實際需求，打造適用於各種情境的有限排產系統。這包括考慮資源限制、生產能力、供應鏈變動等因素，以確保排產系統的實際應用性。進一步更注重系統的「研發精進」。定期進行技術更新和優化，以確保智能APS有限排產系統能夠應對最新的科技發展和業務挑戰。過程中，我們不斷收集用戶反饋，並將其納入研發流程，以確保系統不斷符合客戶的實際需求。為了實現更高水準的

智能排產，我們投入大量資源在技術創新上，尤其關注可視化技術、即時數據分析和預測性模型的發展。透過這些技術，我們致力於提供客戶更準確、更實時的生產排程，使其能夠更靈活地應對變化。

在這個過程中，我們強調的不僅僅是技術的發展，還包括對用戶體驗的關注。我們設計直觀且易於使用的界面，以確保使用者能夠輕鬆理解和操作系統。這包含提供清晰的排產計畫和報告，使客戶能夠迅速做出明智的生產決策，滿足企業在現代製造環境中的需求。透過智能技術、專業性的APS有限排產系統和系統的不斷優化，提供客戶一個卓越的、符合未來挑戰的排產解決方案。我們相信這將有助於企業更靈活、更智慧地應對變化，實現生產的最佳效益。ERP數位轉型在當今商業環境中扮演著極為關鍵的角色，這一轉型不僅是技術的提升，更是企業在數據、流程和競爭中的重新定位。新博力資訊ERP軟體公所明白這種轉型的重要性，尤其在ERP智能APS有限排產系統的研發方面，不斷努力推動企業邁向更數位化的未來。

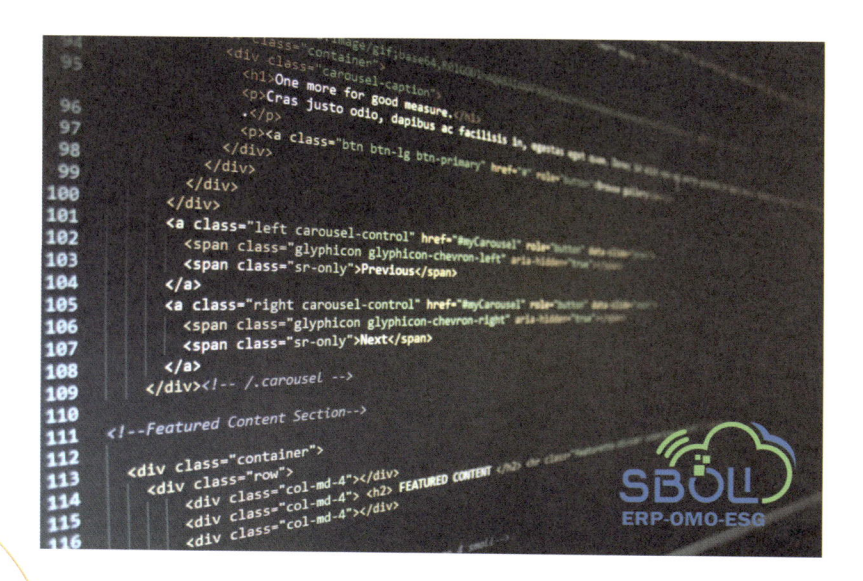

現代企業都知道企業數位轉型的重要性，同時政府也推動許多專案計畫協助企業進行數位轉型，以促使企業數位轉型能夠更靈活應對市場變化。隨著全球經濟不斷變動，企業需求也隨之波動。ERP的數位轉型使企業能夠更快速地調整生產計畫、優化供應鏈，因應市場需求的變化。這種敏捷性是企業在競爭激烈的環境中取得成功的關鍵。數位轉型提供更精準的數據洞察，隨著企業日常運營產生大量數據，透過ERP系統的數位轉型，企業可以更好地管理、分析和應用這些數據。這意味著更明智的決策、更有效的資源分配以及更好的業務理解。這樣的精準性有助於企業在動盪的市場中領先一步。

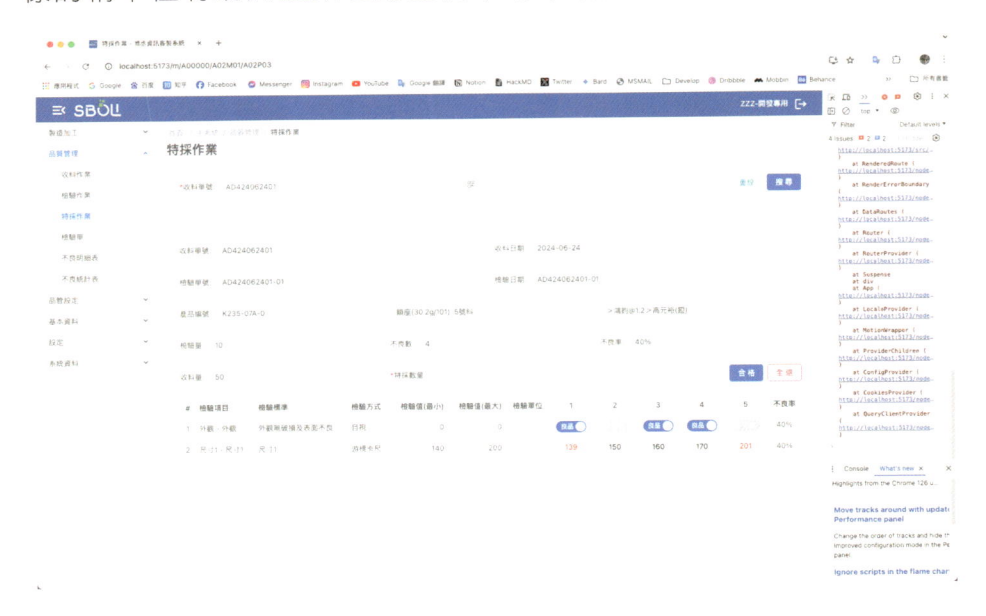

新博力公司在協助企業有效評估並選擇適合的ERP系統方面，擁有卓越的專業知識和豐富經驗。我們的專家團隊致力於深入了解客戶需求，以提供量身訂製的ERP解決方案。以下是新博力公司在ERP系統評估中的關鍵特點：

1. 我們以客戶為中心，了解其業務需求和目標。我們的專家通過與客戶的緊密合作，深入探討他們的業務流程、挑戰和期望，以確保我們全面理解其獨特的情境。

2. 我們以全球ERP市場的最新趨勢和技術發展為基礎，提供客觀、專業的評估。我們不僅專注於ERP系統的功能和性能，還關注整合性、擴展性以及系統的可持續性，確保客戶投資的長期價值。

3. 我們重視風險管理，能夠識別潛在的問題並提供解決方案。透過深入的風險分析，我們確保在ERP導入過程中的順利進行，並降低可能的業務中斷風險。

4. 我們注重教育與知識轉移，不僅提供詳盡的評估報告，還提供培訓和支持，確保客戶能夠充分理解和有效使用新的ERP系統。這種知識轉移不僅發生在評估階段，還包括上線後的持續支持過程。

5. 我們以客戶的業務成功為首要目標。關注技術層面的成功，更重視ERP系統如何整合到客戶的業務戰略中，實現業務增長和效益提升。

新博力公司作為ERP系統評估專家，致力於提供客戶全面的、可行的ERP解決方案。我們的方法著重於客戶需求、風險管理、教育和業務整合，以確保客戶在ERP數位轉型中取得最佳效果。透過新博力公司的專業支持，企業能夠更有信心、更有效地選擇並成功導入適合自身業務需求的ERP系統。

「安得」廣廈千萬間，大庇天下寒「仕」俱歡顏　　成昀達

現任：
安得仕聯合會計師事務所所長
國立臺北商業大學兼任助理教授級專業技術人員
社團法人台北市會計師公會理事
暨工商委員會主任委員

經歷：
政治大學商管產學橋接研究中心
富達證券（Fidelity）股份有限公司
竹力記帳士事務所
行政院科技顧問組研發成果商品化市場暨財務評估組

自1949年開始，富有濃厚且深刻的歷史淵源，帶領著台灣社會歷經快速地發展及成長，得益於嬰兒潮時期所帶來的人口紅利，也受惠於儒家思想所賦予的深厚底蘊，勤儉樸實、努力不懈，奠定了經濟發展不可多得的殷實基礎；然在嬰兒潮夥伴對經濟貢獻的黃金年代，緊接著三十而立的目標，也悄悄地在開花結果，遂而在1979年至1986年間建構起台灣經濟社會的下一個世代力量。我－成昀達，就是在這樣一個世代出生。

這個世代出生的夥伴們，我的同儕及好友，也因父執輩殊同的背景，匯聚著來自各地的中華文化，進而使我們擁有著更多元的生活體驗，從飲食習慣到教育理念，均有所別。而在我樂觀進取，樂於助人的成長歷程中，感受到士農工商均有所用，本著「背景雖異，但初心尚且珍貴，倘能助其一臂之力，實乃我幸」之初衷，在經前輩指導及建議後，最終引杜甫詩作名言「安得廣廈千萬間，大庇天下寒士俱歡顏」之寓意，取名「安得仕」，作為提供創業者或企業專業服務的平台，希望憑藉著此一理念，打造良好及友善的經營環境，為同儕及好友們解決財務與稅務上之困難與挑戰。

用「會計」為「管理」保駕，用「專業」為「策略」護航

很多人會認為「會計」是一門即將在AI時代首要被取代且受到嚴重衝擊的職能。然而，這都只是表面上大家所看到的傳統領域，真正的「會計」，其實並非大家所在討論到的只有「記帳」而已。從法律嚴格解釋（狹義）的層面出發，商業會計法在制訂商業處理所有會計事務的法律，而商業會計事務則包含交易的「辨認、衡量、記載、分類、彙總，及據以編製財務報表」；然而從管理應用（廣義）角度觀察，在導入國際會計準則（IFRS）之後，從原有的細則基礎（Rule based）轉向原則基礎（Principal based）時，已然告訴我們「衡量」有其加強考量的需求，為反映在衡量方法及技術的提升，出現了「評價」的專業；然「編製財務報表」並非僅呈現「靜態」的財務狀況，而係需要透過「揭露與表達」以解讀企業「動態」的營運成果，傳統以文字的揭露與表達似乎漸漸未能滿足管理上的需要，在現在快速變動的經營環境下，更需要透過結合企業營運情境的討論與分析，以滿足企業在管理焦點上的評估。

在學期間，從大學三年級開始，搭配著求學時期特別引入的個案式教學及諸多師長們給予的鞭策與指導，伴隨著同儕及好友們的創業歷程，從會計與財務著手，從每兩個月協助辦理稅務申報開始，養成定期與企業主互動的默契，隨著彼此間的閒談或就特定事件的反饋，亦或探討著其所孕育的經營概念或策略想法，透過與新創企業的陪跑與企業主一同成長，解決企業發展所面臨的各項挑戰，更有甚者，充當其情緒或思想的引導者，漸漸地成為了我的日常，在多方思考及評估如何提出較為具體的解決方案，或是大膽提出能落實其策略的抵換評估，變成是在現有高度變化與競爭的環境下，找到藍海及獲利契機的重

要關鍵。而當所提出及與企業主間的良性互動，致使最終所採方案得以被妥善落實及達成預期目標，這個參與決策及實際運營反饋的過程，亦為我帶來源源不絕的動力及循環的正能量。

培育「新創」企業，搭配法規與ESG升級，開拓「創新」服務

本事務所亦跟隨新創企業的發展階段，配合所面臨到的各項需求，逐步展開專業領域的深化與精進，除了傳統領域如財務會計與稅務相關的服務外，亦延伸包含：

1、新創企業在初始設立時有關公司組織類型的選擇及考量評估，股權規劃與特別股考量及設計等。

2、新創企業在投融資階段所涉之相關財會專業服務，如併購前有關財務與稅務盡職調查（Due diligence）、與企業股權價值及無形資產價值評估有關之估值分析、合理性意見書之出具，以及併購後有關會計師財務報表查核簽證時，所需之財務報導目的下有關收購價格分攤報告等。

3、企業在配合公司法及有關制度之修訂及調整後，擬透過員工認股權及相關之留才計劃設計，所生有關評估對財務報表之影響，以及績效衡量與考核方式規劃等。

4、企業在面對全球永續議題，就台灣關於2050淨零碳排之相關時程規劃，對所生與ESG主題之相關評估，包含企業如何自聯合國SDGs目標中找到潛在的機會與搭配產生具有結合企業自身優勢之策略，以及利用轉投資或是新創事業參與以加速目標達成，以突破對原有企業的轉型限制或發展困境，亦或採用較低衝擊的方式接軌碳盤查以進入ESG的管理領域等。

會計師角色的轉變與未來展望

隨著永續議題的持續發酵，中大型企業已逐步在向IFRS永續準則之相關規範靠攏，而相應的中上游中小企業，或是還在持續發展中的後起之秀，在面臨有關國際局勢的競爭壓力陡升及規範愈趨嚴格的轉變下，經營成本的上升，以及管理能力的升級均迫切地需要被滿足，然在現行社會氛圍及當前經營習慣而言，企業需才恐急，不單單僅是全球敬陪末座的出生率，同時還有專業服務公費長期維持在全球較低水準的窘境，改變傳統服務的提供習慣與強化非傳統專業的附加價值，亦為此領域迫切提升之處。

透過數位轉型，將傳統重複性及單調之作業優化；透過人才養成，將單向的文書處理轉化為策略溝通，甚或是參與經營；透過ESG浪潮，利用會計師本質專業對於治理（Governance）議題的掌握，妥善處理環境（Environment）與社會（Social）衝擊的議題，改善並優化所面臨之困境，期能為會計師產業及其所提供之專業服務奠下良好基石，也才更發揮獨立的治理職能，完善證券與資本市場制度。

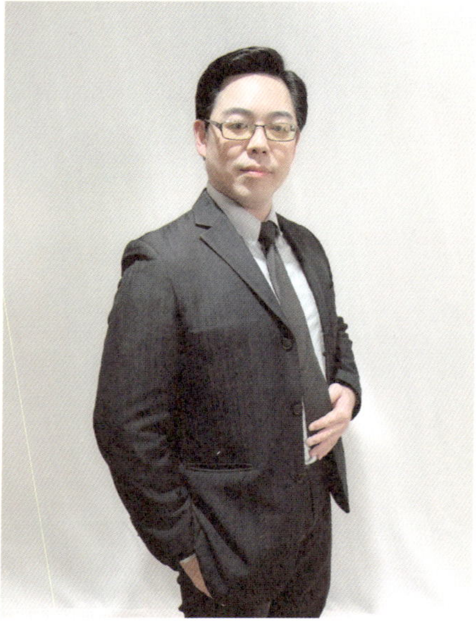

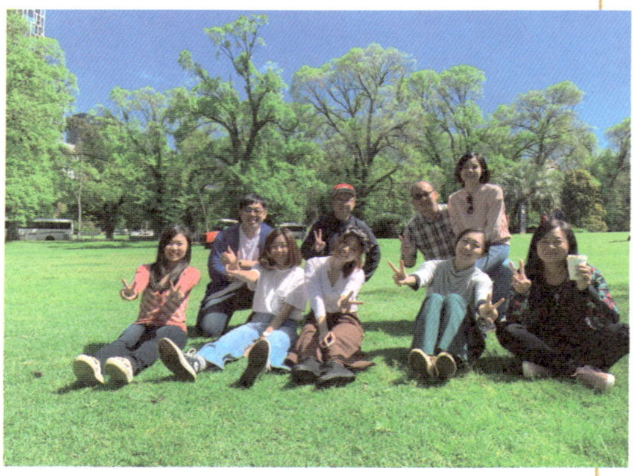

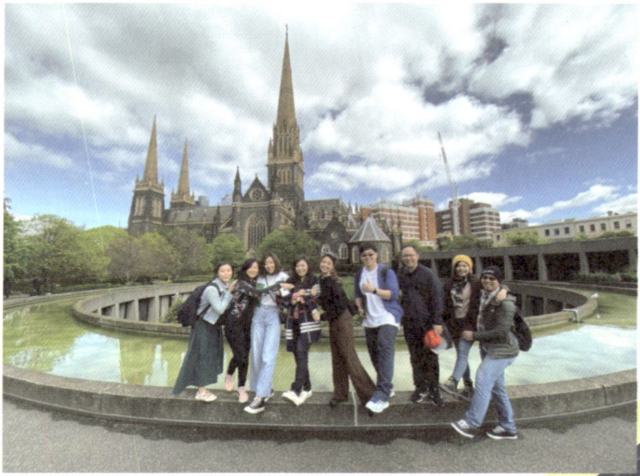

原住民之光：激勵後代的美麗使命
伍秀蓁

◆泰晶殿皇家SPA莊園 技術總監
◆明道大學 兼任教師
◆嶺東科技大學 兼任教師
◆台灣醫美健康管理學會
　精準健康管理師

官方網站　　官方LINE@

我是伍秀蓁，美容征途是一場光彩奪目的冒險，是拼搏和熱愛極致詮釋的篇章。三十載歲月中，累積了豐富專業智慧，歷經無數挑戰，茁壯成長。出生於原住民偏鄉，離鄉背井奮鬥於繁華都市，成就猶如上天眷顧的幸運女兒。

泰晶殿歲月悠長，與其共度十八載。回首歲月，彷彿夢境，成長之旅深受滋養。初入公司是芳療師，生命奇蹟讓我請了產假，離開職場迎接新生命的準備和照顧。再度回歸，公司看中我豐富的SPA經歷和工作認真態度，交予教學責任。美容事業對我而言不僅是職業，更是我深愛的志業。這份熱情驅使我不斷學習，提升技藝，賜予我在這領域中閃耀光芒的原動力。在美容征程中，感謝每一位為我助力的良朋，他們如陽光一般，照亮前進的道路。我心懷感激，或許是上天眷顧的緣故，我方得在這美容的天地中綻放光輝。

我的故事鼓舞困境中的人，展現堅持信念的力量。希望將所學傳承給熱愛美容的年輕朋友，見證他們茁壯成長。為更多原住民孩子帶來溫暖和激勵，告訴他們即使在激烈環境中也能努力學習、生存並茁壯成才。

熱愛與追求，美的初步探索

美容夢的誕生，可謂是我年輕歲月中一場激動人心的追夢之旅。青春年華時，我心懷對美的熱愛和追求，這份熱情並非短暫的幻想，而是一場深藏心靈深處的夢境，宛如花苞在春風中靜靜綻放。或許已嗅到美容的魅力，開始追逐那閃爍的星辰，引領我走上一條獨一無二的美容之途。

初入美容行業的每一步，都是值得珍藏的美好回憶。那些純淨的夢想和對美的渴望，彷彿是成為美容專業人士的啟蒙課。每一次的學習和實踐都是一次淬鍊，宛如花蕾漸次綻放，我的美容夢也在實踐中逐漸成形。

從夢想到領袖：美容行業的躍進

在三十年前，美容行業的面貌已默默歷經轉變，那個時代的美容世界充滿了磅礡的生機。我，一位年輕的美容夢想者，保持著初心和信仰，穿越時光的長河，踏入了當時充滿機遇和挑戰的美容領域。

那個時代的美容世界雖相對原始，卻充滿了創新的活力。進入這個環境，彷彿置身於一片充滿可能性的沃土，技藝上的掌握和對美的堅持，讓我在三十年前的美容時代嶄露頭角，成為領域上的佼佼者。

這是美容事業的開端，我以初生的熱忱和信仰，擁抱每一次學習和挑戰，為未來的成就奠定了堅實基礎。那個時代的美容行業是我夢想啟程的地方，也是我不斷追求卓越的踏板。

在傳統中尋找創新，於創新中繼承經典

在我眼中，美容的天地宛如一片充滿藝術的境地，而頂尖技藝則是這場藝術的匠心獨運之巧。優質技藝的精髓，蘊含著我手法的細膩、專業知識的深厚，以及對每位顧客需求的敏感度。我深知，領先的技藝不僅是技能的熟練，更需要持續學習、追求卓越的信念。我精心培養我的技藝，不懈追求新知識，確保自己始終站在美容領域的最前線。這份對技藝的不懈追求，賦予了我在美容世界中持續茁壯的生命力。

如何培養和維持領先的技藝水平一直是我的目標。我深入研讀最新的美容科技，積極參與各類培訓，確保自己的技藝永遠保持領先地位。這份對技藝的不懈追求，讓我能在美容市場的激烈競爭中脫穎而出。

溫暖的堡壘：美容歷史的傳承

在這個美容環境飛速變動的時代，經典技藝宛如一座溫暖的堡壘，承載著美容的深厚歷史與文化。我深切體會著經典技藝的價值，這不僅是技術的傳承，更是一份對美的悠久尊敬。

從歷史中汲取經典技藝的溫暖，我深刻理解其文化精髓，將這份溫馨融入現代SPA。這傳承不僅賦予技術深厚底蘊，也滿足現代客戶對多元美容需求的期望。這是智慧的延續，讓經典技藝在現代展現更為溫馨感人的光華。

感恩與回饋：療癒旅程中的溫馨互動

透過我專精的技藝，我改變了無數顧客的生活，每一個案例都是一個故事，一個關於自信、美麗和轉變的動人故事。

在一個春節的時刻，有一位令我深感難以忘懷的顧客，向我分享著他的故事。隨著歲月的累積，他的身體漸漸出現各種病痛，但在來到泰晶殿的療癒天地中，他獲得了身心靈的全面放鬆。這奇妙的療癒過程讓病痛不復存在，身體漸回活力，心情也隨之愉悅。感激之情油然而生，他慷慨地送給我一個大紅包，並以真摯的語言表達感謝之情，因為這片療癒的天地讓他重新找回生命的活力與力量。

透過技術改變客戶生活一直是我的追求。細心聆聽需求，巧妙應對肌膚問題，為每位客戶打造獨特美麗體驗。這是對技術的肯定，也是對美容事業熱愛的回饋。我不僅追求卓越技術，更用心創造每位顧客的美麗人生。每一個微笑、每一個自信的眼神，都是我專業技藝的成果，也是我美容之旅中最珍貴的成就。這是一場關於愛與美的奇妙旅程，而我樂在其中，用心為每一位顧客繪畫屬於他們的美麗故事。

以匠心獨運，持續茁壯於美容世界

美容對我而言，不僅是技藝的展現，更是觸動心靈的奇妙旅程。在我背後的技藝藏著無數感人故事，不僅呈現技術，更營造與客戶心靈共振的美好時刻。透過我的手法，我致力於賦予顧客不僅外在提升，更是內在靈魂的撫慰。

相信關懷他人是美容技藝深度的關鍵。細心傾聽客戶需求，不僅提供專業美容服務，更注入真摯的關懷。美容不僅轉變外表，更是感知他人需求，用真誠心情愛心關懷每一位客戶，使技藝成為正向影響的傳遞。

在美容的奇妙旅程中，我深刻體會到，每次療程不僅提升外在容貌，更是對內在心靈的愛與呵護。這是美的故事，一場心靈對話，我樂在其中，成為客戶生命中美好的一部分。

美容之旅的深刻啟示：照亮前行的路

三十年美容歷程磨煉了技藝，累積了深刻智慧。挑戰和成就是寶貴課程，讓我更寬廣地看待美容事業。我鼓勵年輕美容師，保持夢想熱情，勇於面對挑戰，學習新知。找到生活平衡、堅持信念是智慧的一部分。期許你在美容行業中找到屬於自己的舞台，散發獨特光芒。

美容世界中的分享和啟示是推動事業發展的無形力量，照亮每位美容從業者的前行路。這深刻體悟讓我成為不僅是美容師，更是用心綻放光芒的生命引導者。這是美容之旅，在外表創造美麗同時，深處散發無盡的溫暖。

激勵人心的職業歷程與生命體悟

三十年美容歲月，奮鬥、成就、蛻變。原住民出身，熱愛美容，追求卓越，堅持信念。故事是力量，激勵困境中的人，與美容行業的貴人相遇，成長不斷。我的歷程並非僅是一段專業的成就，更是對生命的深刻體悟。我始終相信，熱愛與堅持是克服一切困難的力量源泉。透過我的故事，我期望能夠傳達給更多人，無論身處何地，只要擁有夢想和努力的心，就一定能夠綻放屬於自己的光芒。

在這個充滿挑戰的美容領域，我學到的不僅是技術和專業知識，更是關於生命奮鬥的真諦。這不僅是一份工作，更是我對美的真摯熱愛，成為我努力追求卓越的動力。每一次的挑戰都是一次對自己極限的突破，而這正是我不斷成長的原動力。

透過歲月的洗禮，深刻體悟到熱愛的動力不可忽視。對美容事業的熱情讓我勇敢面對困難，尋找解決之道。希望這份熱情和堅持能感染更多人，啟發他們追夢的勇氣，在奮鬥中找到生命價值。這是屬於我的經歷，也是對生命的感悟。透過我的故事，期望激勵他人，讓每個人相信，只要心中有夢，就能綻放獨特光芒。

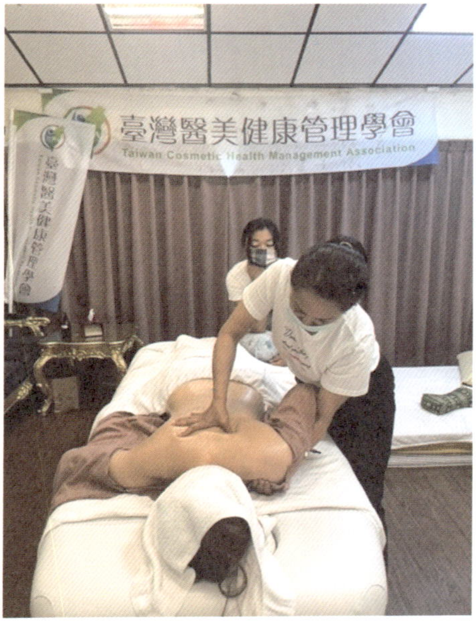
臺灣醫美健康管理學會
Taiwan Cosmetic Health Management Association

魔法瓶裡的『檜木森林』
李清勇&黃素秋

李清勇（勇哥）& 黃素秋（Rachel）
因為照顧父親的初心而熱愛山林的夫妻二人，秉持著把山林帶回家的精神，放下原本的事業，十二年前偕手共創了『檜山坊』精油品牌，三年前黃素秋又創辦了「檜山坊香氛學院」。現致力於推廣精油與香氛療癒。

檜木醇與野副鐵男
1936年野副鐵男博士從台灣檜木中發現一種其他日本、北美檜木中所未見的特殊物質，他將其命名為檜木醇（Hinokitiol）而檜木醇的形成原因是台灣檜木經過千年以上的光陰萃煉，順應高山雲霧的濕度、溫度的氣候變化，所衍生出一種保護樹體的天然化學物。而檜木醇的含量與檜木年齡成正比，越古老的台灣檜木，檜木醇含量越高。

檜山坊緣起

原本在竹科日商半導體公司擔任工程師的檜山坊創辦人李清勇，在十多年前父親罹患了大腸癌和慢性阻塞性肺炎後，便經常趁著假日帶父親到山上呼吸森林芬多精。雖然前往烏來、宜蘭拉拉山、棲蘭等地的路途遙遠，山林的芬多精仍然使他們備感療癒。

為了滿足父親熱愛山林的心，李清勇和黃素秋夫婦曾考慮在棲蘭買房，但轉念一想：「何不把森林帶回家？」，就這樣，以檜木精油為的檜山坊誕生了。「希望那些行動不便，或因時間金錢等現實考量無法前往山林的人，都能享受到山林的療癒。」李清勇笑著說。

回想起當時擔任助理的經歷，真的很有趣。當時自告奮勇地應徵到蔡榮豐學長的攝影公司，當時我並不知道他們是否需要人手，但很幸運我還是得到了這份工作。進入攝影公司後，開始擔任攝影助理的工作。每天掃地、整理攝影棚、架相機、架燈光⋯。那時老闆經常拍攝當紅的影視界人物，這也大大的擴展了我的視野。

台灣的味道觸動人心

2018年，國發會在日本東京丸之內舉辦「台灣地方創生展」，特別選擇了得過金點設計獎的檜山坊「檜意人生禮盒」隨身旅行組，作為致贈貴賓的伴手禮。這一次，由台灣的檜木氣味製成的洗髮露與沐浴露，不但征服了日本商工會會長大橋悟的心，也深獲他夫人的喜愛。夫人殷殷囑咐：「下次去台灣記得要買更大瓶。」

台灣檜木的香氣不像薰衣草或玫瑰那樣搶眼，它以沈穩安靜的味道，彰顯著自身的華貴。「台灣的紅檜與扁柏是世界上獨一無二的樹種，最能代表台灣的精神。我們只想做台灣的品牌，使用台灣原料，台灣製造，守護台灣的價值。」對於這支精油，夫妻倆有著一定的堅持。

榮獲2021年品牌金舶獎ESG績效管理
「檜山坊」帶動善的循環—植樹減碳，永續台灣

檜山坊本著「熱愛台灣」和「惜物」的精神，有效運用製作高級檜木家具剩餘角料所提煉的屬於「台灣的味道」之原生檜木精油，並且開發了以天然檜木精油為主的香氛沐浴精品，並獲得國家品質的認同，於2019，2020年皆獲選為台北市政府及外交部國慶貴賓贈禮，並接受外交部光華雜誌專訪。這幾年公司的產品漸漸得到消費者的認同，黃素秋、李清勇為響應聯合國17項永續發展目標 (SDGs)，除了推廣「環境永續再生」的精神外，連續三年與林務局嘉義林區管理處認養造林共約3公頃，種下香杉、臺灣櫸、肖楠、黃連木等台灣珍貴樹種。

而精油的原料，則是與老牌木業公司合作，撿用高級檜木傢俱生產後的邊角料，原本每1000公斤的檜木屑能提煉2公斤的檜木油，檜山坊為了提高純度又進行二次蒸餾，萃取出1公斤作為精油。不僅如此，檜山坊也和慈濟大愛科技合作，將廢瓶回收再利用，每三個空瓶就能製作成一個環保袋。並逐次用環保瓶器取代盛裝沐浴用品的塑膠瓶。

此外，檜山坊也積極落實社會企業責任。除了捐款給台灣失智症協會，協助醫療、社福及社區公益，疫情期間也給各大醫院醫療人員免費贈送沐浴露、洗手露和精油等沐浴用品，以舒緩醫療人員的疲憊。

檜山坊本著「取之自然 回饋大地」的初心，共同為愛護臺灣一同盡一份心力。並於2020年疫情之初成立檜山坊香氛學院，透過香氛的療癒與課程推廣，受邀至各企業團體做身心靈的慰藉與提升，「利他同時也是利己」，這就是善的循環。

檜山坊香氛學院成立　將植物精油帶進生活

2020年疫情爆發前，檜山坊有七、八成是實體店鋪，疫情爆發後，實體店銷售額銳減，一日淨營利甚至僅幾千元。但危機就是轉機，疫情後人們只能封閉在家，對人際支持和療癒陪伴的需求不減反增，無法出門旅遊更使人們對自然與山林產生嚮往，黃素秋就是在這個時候成立了「香氛學院」。

而疫情三年，香氛學院的講座僅靠著口耳相傳就辦了不下四百場。問她香氛學院的講座到底在做什麼？黃素秋神秘一笑：「將植物人格化，植物精油和人一樣，有能量之別，具有意想不到的療癒作用。」

「陪伴、關懷、支持、給予目標」是香氛學院的四大宗旨。對黃素秋而言，精油不只是一種香氛，也是植物給人的嗅覺印象。「嗅覺是人類最早發育的感官，嗅聞氣味，可以馬上通過大腦的邊緣系統，刺激腦中的海馬迴、杏仁核，使人保持一定的記憶度。」黃素秋進一步指出，不同的植物，有其植物人格，可以對應到嗅聞者的現狀。這也是為什麼，她每次介紹香氛學院的時候都會先讓參與者抽取精油，並透過精油分析參與者的現狀。

分享與陪伴　療癒更多的人

香氛學院成立的這三年，影響所及無遠弗屆，這其中也有不少令黃素秋感動的案例。她談起幾年前一個律師辭職想轉做珠寶設計師，而當這時她的事業還在草創初期，意外遭逢丈夫過世。設計師不只要獨力撫養三個小孩，經濟狀況又不穩定，正是在那時候，她接觸了黃素秋的香氛學院。一聞到精油的味道，她眼淚就落下來。植物精油的香味陪著她走過低潮，走出谷底，終於迎來事業的成功。

另一個案例，也是一位女律師，常年在國際併購的領域工作，作息失調不說，更因為壓力而每日緊繃。「她自從上班以來，從來沒有穿過裙子。」黃素秋說，這個女生當時就是一瓶花朵精油都沒有抽到，可是隨著課程逐周推進，到了最後一週的時候，這個女生最終穿了一條美麗的裙子來上課。

達賴喇嘛曾說：「這世界不需要更多成功的人，而是需要更多愛好和平的人，能夠講故事的人，能夠陪伴、能夠給予的人。」黃素秋表示這就是她和創辦人李清勇現階段目標，做一個能講故事、能陪伴、能

分享能量並給予支持的人，也透過檜山坊這個品牌，將療癒能量分享給更多人。

開發第一款ESG概念面膜-五感森林療癒面膜

檜山坊的靈魂還是「檜木精油」，而檜木精油具有舒眠及散發芬多精的特質，所有產品都基於不含香精及保護人體及環境的概念而生。結合「環境永續再生」的核心精神，加強五感體驗並加入台灣山林意象後，開發了第一款ESG概念森林療癒面膜，並獲得經濟部中小企業計畫的認同，相對一般面膜大部分都在彰顯功能性，檜山坊加入視覺、聽覺、觸覺、嗅覺、意覺五感體驗，將商品導入ESG概念，採用海藻天絲可自然分解基材，大豆油墨，FSC認證，並通過最嚴謹的德國Deramatest敏感性肌膚認證，將商品層次提升至國際層級，讓世界聞見台灣。

『循環經濟＋公司治理』是解方

我們只有一個地球，地球環境承載力存在上限，所以當前的解方就是『循環經濟＋公司治理』，從CSR到ESG，透過公司治理機制，使環境關懷與社會關懷成為商業的日常與戰略決策的前提性考量，只有這樣公司的永續經營才有意義，才能夠讓世界「聞見台灣的美好」。

檜木小知識
檜木是裸子植物，幾千萬年以來經歷漫長演化，全球的檜木屬植物現僅存七種，主要分布在北美地區、日本、及台灣。台灣幸運地就有台灣扁柏、紅檜二種，而台灣也因此成為惟一位於亞熱帶的檜木原鄉。台灣雨量多，檜木的生長環境濕度極高，油脂多木紋美，樹齡也老，兼以生長緩慢所以木質密度也高，是全球七大檜木之首。而台灣的原始檜木林達兩萬公頃，是全世界面積最大的原始檜木林。世界各國植物與醫藥專家學者經過各種實驗後，肯定台灣檜木確實有相當多醫藥臨床價值。除內含洛定酸（Rhodinic acid）、芬多精等天然成分外，更有台灣檜木獨有的檜木醇成分，可以淨化空氣、除臭、舒壓、放鬆、舒緩肌膚乾燥紅癢的不適。

從堆置角落的木屑，
晉升為國家貴賓伴手禮。

外銷日本的台灣在地品牌
獲選為國際貴賓伴手禮
榮獲品牌金舶獎ESG績效管理
經SGS檢驗品質保證

HINOKI ESSENTIAL OIL
10ml 滴瓶

- HINOKI OIL -
檜ⅲ坊
Kuai Shan Fang

把森林帶回家

檜木精油｜森林沐浴｜森活擴香｜舒壓按摩｜精緻禮盒

台灣原生系列
TAIWAN HINOKI NATIVE SERIES
台湾原生シリーズ

走進總統府の檜木精油

天然精油系列
NATURAL ESSENTIAL OIL
天然のエッセンシャルオイルシリーズ

香氛沐浴系列
FRAGRANCE BATH SERIES
フレグランスバスシリーズ

五星級飯店指定備品

肌膚保養系列
FOREST BODY CARE SERIES
スキンケアの森シリーズ

森活擴香系列
FRAGRANCE LIFE DIFFUSE SERIES
森リードディフューザーシリーズ

精選禮盒系列
TAIWAN HINOKI GIFT SERIES
厳選ギフトセットシリーズ

獲選2023政府外賓贈禮

2012年，勇哥為了照顧有慢性肺炎的父親，帶他往返於充滿負離子的烏來及太平山之間。為了要給家人最自然的膚慰，於是一個天然的概念萌芽了──

檜山坊不只想給您一棵樹，更想給您一整座山。

品牌網站　購物商城

i99 COFFEE社會企業關懷據點的創新與使命

　　　　　　　　　　　　　　　　林尚宏

i99 COFFEE 永續全齡樂活村
HCI景美分會會長　關懷據點咖啡店

CEO　林尚宏

『現任職務』
- i99 COFFEE 品牌 執行長
- 中華好健康跨境電商科技有限公司 執行長
- 上海華氪企業管理有限公司 負責人
- 深圳金溢陽光資產管理有限公司 負責人
- 中華九九餐飲管理顧問國際有限公司 執行長
- 中華電力能源科技股份有限公司 執行長
- 太上皇泰式連鎖養身館 執行長
- 寶珍翡翠國際有限公司 負責人
- 個人擁有大陸『定位電池』發明專利
- 擁有台灣與大陸商標及網域共68項

以人為本，利他主義，永續全齡樂活村的社會影響力之循環經濟，讓公益成為永續發展最好的生意。

hci 人聚匯
HCI Human Connect International
鼎豐商務聯誼會
景美分會 i99社會企業咖啡館

心態歸零 ｜ 思維轉換 ｜ 看懂價值
一個以『人』為核心，『利他賦能』為中心思想的國際新商會

分會長林尚宏 Sun Lin

一直以來，我和太太Jenny都以自有資金創業，因緣際會，想創造關懷長者，先公益後生意的永續循環經濟的志業，「i99 COFFEE」於焉誕生。相較於先前的創業，i99的結構較單純，真的是從社會企業出發，類似現在政府在做的「關懷據點」。今年（2024）全台有4,830個關懷據點，目的是希望獨居的銀髮族願意走出來共餐，認識朋友、社交，進一步降低他們憂鬱或是失智失能的風險，這也是從民國一〇六年以來政府的重要政策之一。

在i99用餐的大部分是銀髮族，創業青年，家庭客群，學生，不一定要已經失能族群的才能來使用空間。目標優化政府在做的是銀髮族或失能者的關懷據點，希望用預防重於治療的觀念，讓健康的銀髮族，能夠延緩失能，落實關懷據點推行的真正意義，所以才會花一段時間，想要達成這份使命與理想。i99不止專注於銀髮族。在i99共享空間拿筆電創業共創的年青人頗多，還有學生，尤其是雙薪家庭，爸媽都在上班，只有一個小孩子來吃飯的情況也不少，孩子的爸爸媽媽到晚上八、九點再來接他，所以很多人說i99是日照中心，也是日託中心。i99消費沒有限時，大部分座位都有插座，可以讓孩子在這裡安靜地讀書，或是全家人在這裡閱讀、聊天，提供一個很棒的交流場域。

社會企業必須要有自營力

我們是賣家具、做樣品貨起家的,所謂樣品貨就是廠商提供給外國客戶看完之後,不再需要的物件。早期台灣的出口貿易非常興盛,我們將這些大公司不需要的樣品貨拿回來賣,之後又陸續經營了家飾、鄉村風家具、美式家具……後來到了台北京華城及汐止日月光,代理一個歐式品牌,陸陸續續也做了二十幾年。

我們也開過餐廳:在台北車站對面開過吃到飽,也開過法式餐廳;法餐有個很大的問題,師傅的成本高,專業度強,萬一離職或是不適應,還要請人替代、改菜單等等。這些經驗都是很好的教訓:現在i99內部的備餐很容易,客人自己取餐、自己回收,在人力上做到非常精簡,同時進來五、六十個客人流程也很順暢,不需要任何服務生。

公益與效益的兩難

i99如今邁入第五年,從蒐集的數據看,我們一天來客大約兩、三百人次,一年約有七到十萬人次。社會企業本身需要有自營力,不能單靠政府補助或募款,必須要自給知足,所以在公益與營利之間很難達

成平衡；我們實際花了五年時間來了解，需要做哪些調整，才可以成功兼顧兩者。因為能夠真正落實關懷人，才能做到永續循環經濟企業。我們真心希望能夠把解決社會問題當作前提，從以人為本，利他主義的角度來經營。

我們家具業做了二十幾年，最後是在京華城9樓與1樓做家具促銷也開始測試i99的經營模式，直到京華城結束才搬遷到目前景美的地點。i99的數據測試也是從那裡開始。之前做99元吃到飽，三十餘種菜色，以及熱飲、冰淇淋無限暢飲，但那之前是沒有數據的，當時屬於新型態的餐飲方式。我們先從那裡做測試，蒐集數據。那時我們都是扶輪社社友，而扶輪社每半年或是一年都會做社會公益。在社會公益方面，國際扶輪社希望你給釣竿，而不是直接給魚，但是做公益給釣竿能永續運轉並不容易。那個時候發現，很多不熟悉的公益活動，有時是為了做而做，能否真正造成社會影響力就見人見智，說不一定了。

記得二〇一五年有個光復玉里的10元便當阿嬤，一直賣著10元便當，五十年如一日形成巨大社會影響力。她的故事令我感動，並不是因為那10塊錢有大價值，而是因為她賣十元便當照顧了很多基層的人。這讓我忍不住思考，如果要真正對社會產生影響、做出貢獻，是不是要像她一樣天天做，而非半年或是一年做一次；不是為了做而做，為了做而做，沒辦法造成太大的改變。

10元便當阿嬤是解決了民生「吃」的問題。事實上，政府的關懷據點也是希望大家出門來共餐，可是一般來說，環境不會太好，關懷據點政府只補助五十元，也不會吃得很好。關懷據點的另一個缺點是，通常是由經營據點的單位先代墊款，有時候要等一段時間請款，才能拿到補助。經營據點的單位也無法墊太多錢，這很現實，而以整個量體來看，對社會也沒有太大的效益。

用後台數據支持善的循環

以景美區的景華里為例，這裡的區民大概有六、七千人，規定只能設置兩個關懷據點；實際了解後，一個禮拜只能開兩天，一天約20幾個人左右。每年一個據點服務人數變動少，效益低、量體小、延緩失能效益應值得評估是否有更好的做法。

i99 COFFEE永續全齡樂活村的解決方案

台北市文山區景華里為例，限制只能有兩個醫療據點約有6000名居民。
1. 服務人數：每天開放，服務200-300人次左右/日，5,600人次/月，7萬-10萬人次/年。
2. 服務族群多元，少子化，預防重於治療，需服務全世代年齡層。
3. 服務環境營造：燈光美、氣氛佳，無限時暢飲連鎖等級咖啡店。
4. 企業捐贈禮製快，無需政府預算補助，先公益後生意能自營利。

i99後台會員
2024年3月年齡數據。

3.5萬人/年	1.8萬人/年	0.6萬人/年	1.1萬人/年
壯年族群	創業族群	學生族群	家庭客群
50歲以上佔：48.8%	20-39歲以上佔：25.6%	20歲以下佔：9.5%	40-49歲以上佔：16.1%
獨居老人能走出共餐社交預防憂鬱、失智、延緩失能	30種咖啡冷熱飲無限時享用普惠消費、吃飽、吃好	餐桌就是書桌，公共場所服務環境，讀書效益較高	陪伴是最好的禮物餐桌話家常，增進家庭感情

i99 COFFEE 如何推動聯合國永續發展目標(SDGs)

解決對策								
1 終結貧窮 提供就業機會	2 消除飢餓 普惠消費能飽餐	3 健康與福祉 注重員工身心健康	5 性別平權 男女平權可就職	7 可負擔的潔淨能源 共善負擔減少能源	8 合適的工作及經濟成長 善循環生態經濟	9 工業化、創新及基礎建設 科技創新友善使用		
10 減少不平等 合作社間平等合作	11 永續城鄉 深耕社區關懷鄰里	12 負責任消費及生產 合作社間自覺消費	14 保育海洋生態 支持保護海洋生態	15 保育陸域生態 綠色消費生態保護	16 和平、正義及健全制度 社會解決社會問題	17 PARTNERSHIPS FOR THE GOALS 實現禮運大同企業		

於是我們花了五年，嘗試建構整套永續善循環經濟的生態系統。客人來到i99 COFFEE，不是純粹享受餐點而已，先到我們i30輕健身區域，先用王維工科學脈診服務社區民眾一起風險控管，了解自己身體情況。根據身體情況再建議民眾經常性、天天30分鐘用儀器或是活動，讓他能夠持續地調整身體，結束之後再到i99用餐社交好好吃飯，無限暢飲30幾種冷熱飲料也沒有時間限制的好好聊天。

倡議一種能真正改善現在社會問題的健康生活方式提案，也是我們創辦i99 COFFEE社會企業的初衷。目前我們結合了好幾間公司：中華健康養生產業工會、台灣韓藝美學經貿交流協會，與好的媒體國際有限公司，變成聯合創業團隊，各司其職，一起推動永續全齡樂活關懷村、開啟運用社會無限資源解決社會問題的全新健康生活產業鏈。

在今年度，我們除了要擴大不同的業種（辦社區旅遊、擴大社交、落實在地創生），還要請上市櫃公司來共同參與。上市櫃公司每年都要繳稅給政府，其中10%是可以用做捐贈的；這筆捐贈將不是給i99，而是我們現在合作的非營利社福團體管錢，透明金流的運用，由i99出技術，落實永續全齡樂活關懷村據點的建立，成為三方聯名品牌形成社會影響力，倡議上市櫃公司把原本要繳給政府的稅金，由捐贈物一

部分至關懷人，賦能共同深入社區關懷照顧。

i99有125個位置，一年可以服務7~10萬人，專屬會員的後台數據，五年來雖碰到三年疫情，累計下來有22000個實體到店的會員。很多人會問，你怎麼去做永續善循環經濟？運用會員經濟我們從去年八月開始做99團購及99直播，目前先測試冷凍生鮮的轉化率。試運營2000人團購社群的效益。形成善循環因會員來用過餐，場所有人的溫度，離家近自取方便且比一般大通路優惠來買冷凍生鮮的回客率日增，i99因為團購有數量再跟廠商下訂，所以更便宜，再回流到原本不賺錢的門市，期望能成為造浪者，成為真正永續經濟的善循環。

i99COFFEE去年參加2024天使創業家比賽，得到了最佳人氣大獎。
其他人都是做商品販售，i99是非營利的社會企業。今年呼籲上市櫃公司能夠發起捐贈一間這樣的場域。賦能上市櫃公司，豐富ESG永續報告書，共同落實我們原本的使命跟願景。

全台灣有1800大的上市櫃公司，只要前300大各捐贈一間，那麼一年大概就有兩千萬的服務人次，也能落實預防重於治療，努力延緩高齡失能臥床需居服人員的年限由8~9年減至1年或半年。

我們現在請各大上市櫃企業做捐贈、蓋據點，當然要調整易操作與複製，將流程化繁為簡。實際店務營運據點的人才，我們規劃請大企業退休的員工來幫老東家做。比方如果台積電捐贈了一處據點，六十歲退休後的老員工回來幫老東家營運……期望做到這樣二度就業的循環。搭配餐飲學校十八歲的學生，進一步形成銀青共事，營運裡面還有新住民，原住民與弱勢團體，落實解決五大族群就業問題，讓他們在這樣的環境裡，除了解決延緩失能的共餐問題，也能夠解決就業的問題。

2024年1月共同倡議發起HCI國際型商會，優化傳統國際商會的缺點，獨創商會電商系統的優勢，不須每年繳年費來認識本國人，呼籲節約資源，不需花太多經費在場地與餐點的費用上，回歸原本單純人脈連結與產業交流為重點。成立HCI鼎豐商務聯誼會景美分會，落實在地創生，讓在地商務人士服務i99COFFEE23000名在地會員，才能根本解決傳統商會，單社的社友人數不多，流量少，推薦少，年費高，餐費多，負擔重，常退社等問題，加上沒有規劃整合商會人脈資源的電商平台，無法落實產業交流，人脈資源共同運用，周而復始，重覆每

年生意越做越難的情況。

於2024年六月HCI也與韓國取得正式合作協議，正式由台灣發起的國際型商會，其他各國共同響應合作成為台灣HCI商會的一員，面向國際成為國際商會新時代的領航者。

韓國電視新聞的報導片段

2024年開始，所有上市櫃公司都要開始寫永續報告書。因為ESG這個議題，企業對於永續的責任已不單只是環保，還有產業、社會關懷，以及環境。永續報告書是新的，所以很難寫。比如你是上市櫃公司，你寫了淨灘，但是淨灘沒有辦法天天做，種樹也是；但是關懷人可以變成一個社會影響力，如果一個據點一年可以服務到幾萬人，你能想像對社會的貢獻嗎？

永續報告書可以有系統落實社區照顧關懷人的影響力。我們可以從裡面取材出很多故事，可寬可深；比如七萬的服務人員裡，如果有哪一些真的需要特別幫助，我們可以深度地去執行。再來也可以透過這個場域去建立信任感、溝通的平台，就能夠提供更有針對性的協助。

這真的是個很有關懷思維的場域，就是這些人來到你這邊、信任你們之後，他甚至可以練習到透過你們、找到他需要的資源；如果他真的是弱勢，或是真正需要協助，不管是什麼年齡層的人，反而可以因此找到正確的資源對接，企業也可以把正確的資源投到這些人身上。

創新服務，無限連鎖：體現關懷的真諦

i99不是採用現行所有市場的方式（直營或是加盟），而是無限連鎖社會企業商業模式。傳統的連鎖加盟本質上有很多困難點，從找址、選址、租店面談判等準備期本身加盟主並不專業，因為他非專業故須加盟，接著就是開幕啟動營運。準備期跟啟動期其實都要一流的人力，因為那是前面最難的部分，傳統連鎖都是三流人力在運營，所以現在傳統的連鎖加盟店，陣亡率才這麼高。

i99 COFFEE無限連鎖直營或加盟，就是直營一段時間、帶他公司退休的員工，在他接手、啟動完之後才會交給他，就是平穩期才會放手。準備期要讓我們懂的人來，啟動也是；也就是說，透過總部的運營，打磨、建構出更好的商業模式。當總部的型態可以自給自足、生存下去，幫大家試錯完畢，到未來的1.0、2.0、3.0，就可以更快地複製出去。

有時候我們真的會忽略，以為關懷弱勢就是關注，老、窮、病。但事實上，不是老、窮、病才需要支持、關注，只要是人都有這種基本需求，我覺得這才是對的。健康的銀髮族族群，不能等到他失能已經來不及了，所以我們著眼預防重於治療，上醫治未病。我們做的都是前端健康與亞健康的銀髮族，有優質的環境讓獨居高齡者願意走出門社交，才能身心靈健康，進而延緩與減少失能年限，不是只有台灣的需求，這是全世界需要的解方；當全世界都進入老年化社會，不管是健康促進、共餐服務、電話問安，在聯合國SDGs的17項目標，我們i99 COFFEE場域應能夠做到14項目標，期望能達到永續全齡樂活村的願景，朝向禮運大同企業的使命邁進。

一段追求夢想與使命的教育人生
邱惠如

【學經歷】
◆淡江大學 英文系畢業
◆佳音兒童英語輔訓課課長
◆JoyLand School美式幼兒園創辦人
◆JoyLand兒童潛能開發才藝班創辦人
◆美■賓州費城 杜曼博士
　人類潛能開發學院 進修
◆淨觀唯識科學 深層溝通 講師

【現任】
◆梅滙企業有限公司 負責人
◆中華醫藥本草保健營養協會 創會志工
◆台灣婦幼共生幸福促進交流協會 顧問
◆學海明燈 講師聯盟 康旅職人
◆宏力BNI樂活生命教練
◆竹東瀧‧瀧部落平台總召

【課程】
◆問道～瀧‧瀧部落
◆四次元芬多精療癒師
◆發現天賦、天命、道統

我是邱惠如。在南投竹山的懷抱中，是我童年故事開始。這是一個遠離喧囂的小鎮，卻充滿了親情與大自然的厚愛。我在一個獨特的家庭中成長，一個不以打罵為教育手段的家庭。在那個時代，這樣的家庭觀念顯得尤為珍貴，它對我的人格形成和價值觀建立有著不可估量的影響。

追尋教育的熱情：從學生到老師

隨著歲月的流逝，我離開了竹山，走進台中女中校門，開始了我的求學旅程。在這裡，我不僅學習書本知識，更在青春的洗禮中，逐漸形成對學習和生活的看法。我從來不是一個只專注於課本的學生；相反，我更重視學習過程中的體驗與自我發現。這段時期，雖然課業成為了我的壓力，但也塑造了我面對挑戰時的積極態度。在台中女中的校園裡，我的內心世界逐漸變得豐富，開始對周圍的世界懷有濃厚的好奇心。這段經歷不僅是我的學術成長，更是我人格和價值觀形成的重要階段。那裡的每一堂課、每一次活動，都在悄悄地為我日後成為一名教育者鋪設了基石。

高中畢業後，我面臨了人生的一大挑戰。儘管努力學習，我竟未能一次成功考入大學。這個挫敗並沒有讓我氣餒，反而激發更強烈的決心。於是，我選擇了重考的道路，最終進入淡江大學英文系。這段經歷教會了我，即使面對困難，只要有決心和毅力，夢想總是可及。在淡江大學的學習生活中，我不僅學習到了語言的精妙，還開始對不同文化和思想有了更深入的理解。這些知識和經驗為我後來的教育事業奠定了堅實的基礎。

畢業後，我加入了佳音兒童美語服務。最初，我從一名兼職教師開始我的職業生涯，但很快便投入了全職工作。在那裡，不僅教授孩子們英語，更致力於教師的訓練工作。後來，我成為了輔訓課課長，這個角色讓我有機會，將我對教育的熱情與理念傳達給更多的教育工作者。也讓我對教育的影響力和重要性有了更深的認識。

靈性探索與個人成長的旅程

"不是人類正在經歷一段靈性旅程，而是靈魂正在經歷一段人類之旅。"
― 夏爾丹（法國思想家）

靈性探索始終是我最重要部份。我對於生命意義、人的內在力量和宇宙連結充滿好奇。這導致我遇到了影響深遠的靈性導師，向我介紹了「五教合一」的概念，這一理念對我影響深遠。此外，通過對生命靈數的研究，發現我的靈數是 "2，7，9"。這些數字對我產生了深遠的影響，尤其體現在人道主義、教育和身心靈領域。將這些體會融入教育實踐中，我逐漸意識到，教育不僅是知識傳遞，更是心靈滋養。

後來，我遇到了Aaron大頭老師，他用先天易經卜卦幫我盤整自己適合做的事情，這讓我對天賦和天命有了更清晰的認識。我開始禱告，向宇宙下訂單，貴人真的陸續出現。

透過這些年的教育工作和靈性探索，我更加確認「教育能夠改變人的生命」。我深信，通過教育，我們不僅能夠傳授知識，還能啟發思考，培養品德，並且引領走向更光明的未來。我熱愛這一切，並且對未來充滿期待。每一天，我都在追尋著自己的教育夢想，希望能夠為這

個世界帶來更多的光明和希望。

退而不休：自我發展與公益事業
"真正的教育不是灌溉，而是點燃火焰。"

— 葉慈（諾貝爾文學獎得主）

退休並非生活的終結，而是我人生新篇章的開始。從忙碌的教育事業中脫身，我得以深入探索那些曾被忽略的領域：心靈成長、社會貢獻，以及對內在真我的深入理解。我積極參加了各種課程、宗教活動和激勵講座，這些活動讓我從多元的角度理解生活，也更深刻地體會到，學習永無止境。我學習了不同的諮商工具和方法，這些新知識幫助我能夠更有效地幫助他人。我開始將這些工具應用於日常生活中，並且發現這些方法對於提升生活質量有著顯著的效果。

社會貢獻一直是我心中的重要議題。參與BNI這樣的商務人脈交流平台，不僅拓寬了我的人脈，也讓我看到了不同行業的專業和熱情。在那裡，我遇到了"培綸老師"，她的理念與我不謀而合。我們共同創立了一個結合教育和公益的平台，目的是利用教育的力量來改善社會，共同推進「公益+教育+營銷」，一邊做公益，一邊做生意。這一切讓我深感欣慰，也讓我確信，即使退休，我依然可以為社會作出貢獻。

未來展望：夢想與使命

香椿園的計劃是我退休生活中的重要一環。這個位於竹東的農場，對我而言，不僅是一片土地，更是一個夢想和使命的實現地。在那裡，我計劃創建一個結合自然和教育的空間，旨在實現身心靈的淨化和修復。我深信，在大自然的懷抱中，人們可以找到內心的平和與力量。這裡不僅成功復育了螢火蟲和穿山甲，而且香椿本身就是高價值的經濟作物。在中國文化中，「椿萱並茂」代表父母健在，香椿象徵著事業，而萱草代表財富。要想事業成功和累積財富，就需要椿萱並茂，從弘揚「孝道」開始。

在香椿園和瀧部落，我將規劃各類工作坊和活動，打造一個平台，進行傳道、授業、解惑的使命。這個「學海明燈」平台匯聚了各行各業的講師，為來訪者提供靈性之旅、心靈修復之旅或更長時間的長期停留。在此，我希望這些活動能幫助人們重連大自然，理解生活的真諦，並在繁忙的現代生活中找到一處心靈的避風港。我渴望通過這個基地，幫助人們實現財富自由、關係自由和健康自由，讓人們在這裡找到真正的自我，並擁抱一個更加和諧與平衡的生活方式。

回顧我的人生旅程，從竹山的純樸童年，到台中女中的學習歲月，以及後來英文系和佳音兒童美語服務的工作歷程，每一步都充滿了挑戰和機遇。而現在退休生活中，依然熱情地追求著新的夢想。我的生命證明了，無論年齡多大，學習和成長從未停止。我將繼續前進，用所學、所感、所經歷的一切，來豐富自我，並傳遞給更多的人。這不僅是我的志業，更是對生命的熱愛和對世界的貢獻。

瀧・瀧部落
Long Tribe

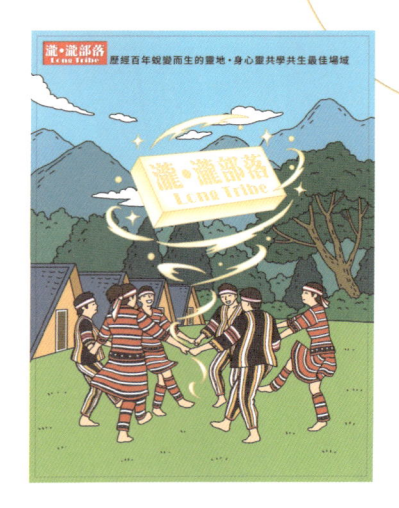

學海明燈
XUEHAIMINGDENG

打造最佳企業形象代言人
仲威文創．創造無限可能。

何正良
Henry Ho　　總經理

TOP WAY　仲威文化創意有限公司　創辦人

學歷

國立高雄大學亞太工商管理學系產業碩士畢業

社團

中華民國形象研究發展協會	第十三屆理事長
高雄市傑出經理人協會	第五屆理事長
國立高雄大學碩博士聯誼會	創會會長
高雄市台灣婚慶文化協會	學術顧問
高雄市創新創業協會	學術顧問
高雄市中小企業產業聯盟協會	顧問
高雄市文化創意觀光產業協會	顧問
台灣連鎖加盟促進協會政府專案	南區主委

學術

國立高雄大學亞太工商管理學系	課程委員
國立高雄科技大學工業設計系	諮詢委員
國立雲林科技大學跨域整合設計學系	課程委員
義守大學創意商品設計系	課程委員

通過政府輔導計劃

一、SIIR經濟部商業司服務業創新研發發展聯盟計劃
二、ASSTD經濟部商業司協助服務業創新研究計劃
三、SBIR高雄市地方產業創新研發計劃
四、南台灣水牛產官學輔導縮短數位落差計劃

創新專利

一、創新四角撓型容器
二、創新六角撓型容器
三、多層創新生活掛勾
四、可站立式文件資料夾

得獎紀錄

一、行政院青年輔導委員會 青年創業輔導績優勳章及獎狀
二、中華民國婦女創業行銷通路 全國加值競賽 亞軍
三、高雄市長頒發中小企業績優廠商獎
四、第七屆高屏傑出研發經理人獎
五、雲南創意節文化創意特別獎
六、經濟部中小企業OTOP台灣設計大賽創新獎
七、E之獨秀熟齡創業競賽績優團隊獎
八、台灣TPMA專案管理學會卓越經理獎
九、國立高雄大學亞太工商管理學系 優良系友

仲威文創 旗下品牌

「仲威文創」- 企業形象 | 文創商品 | 整體規劃 | 設計生產
「果和智選」- 品牌視覺 | 企業形象 | 產品包裝 | 吉祥物設計
「我形偶塑」- 吉祥物設計 | 人偶裝絨毛氣偶生產製造
「唯偶獨尊」- FRP玻璃纖維大型公仔 | 裝置藝術 | 道具生產製造
「親親偶偶」- 絨毛娃娃 | 填充玩具 | 設計生產製造
「唯獨有偶」- Poly樹脂 | 陶瓷 | 環保Pvc小公仔客製化設計生產製造
「百年好盒」- 創意精緻包裝盒 | 設計生產製造
「正威皮件」- 工商日誌 | 文具製品 | 設計生產製造
「藝想天開」- 生活品味 | 辦公居家 | 藝術美學批發零售
「老屋新藝」- 老屋翻新 | 商辦住宅改造 | 展覽場佈 | 空間整體規劃設計

成立於1996年的仲威文創，仲威是由「仲」與「威」二字組合而成，「仲」為伯仲之間，以老二哲學的概念強調仲威在產業與市場中的領導者旗鼓相當，並且力求每天進步就必須要有威力，因此以仲威作為品牌名稱。原本只是一間小小的傳統文具禮品公司，「早年台北的客人覺得我們的產品不錯，來高雄想找我們代工，一看我們公司這麼小，從此一去不回......」從文具禮品生產，到成為吉祥物設計生產的南霸天，對仲威文創的創辦人何正良來說，是意外也是賭注，因為當初投入市場時，同業並不看好。

　　「我們夫妻本來是上班族，20多年前用20萬創業，跨入記事本、文件夾、禮盒等代工生產。後來貸款頂下親戚工廠。未創業之前在運動用品公司當業務，在運動用品公司表現不錯，創業後向之前運動用品公司生產皮件筆記本，老東家主管對我們很好，不只讓我們代工，還替我們介紹了不少客戶。」

　　文具禮品事業漸上軌道，2010年中颱凡那比一來，工廠淹大水，廠內成品、半成品及設備全毀，災後清理的照片乍看很像資源回收廠，損失300多萬元。「代工毛利很低，工廠一直以來經營得很辛苦，加上颱風受損，心裡很掙扎，接下來要重新設廠？廠辦合一？還是不做了？幾經考慮之後，不想再設工廠做OEM（代工生產），剛好聽到政府推動文創產業發展計畫，便決定跨入文創改走ODM（設計發包），轉攻企業品牌識別設計、替客戶量身設計文創商品，像是全運會紀念品...等，提升企業形象相關文創商品設計到生產製造。」

　　在決定轉攻企業品牌識別設計的同時，何正良遇到一位資深品牌設計師，請他幫忙找工廠生產吉祥物人偶，他才知道原來還有這塊市場。「吉祥物有親和力，是各行各業的卡通代言人，當國外迪士尼替米老鼠蓋城堡創造無限商機時，台灣吉祥物還侷限在運動會、球場開場暖身，萌經濟尚未起飛，大有可為。」

　　資深設計師回憶當時：「早年想做吉祥物，只能找到家庭工廠，品質落差大，更別提量產，我們有些客戶像高雄捷運等公家機關或大企業要發包做吉祥物時遇到不少生產問題，仲威文創以做筆記本出名，我問總經理何正良要不要幫忙，並建議開發這塊市場；我告訴他，如果他能幫我解決這個問題，等於幫全台設計師解決這個問題。」

何正良就讀國立高雄大學管理碩士班，上課時教授課堂上提到未來市場趨勢「字不如表、表不如圖、圖不如動態」，決定專心專注投入吉祥物公仔從設計到製造生產，一邊接設計師的訂單，一邊向原有客戶推銷吉祥物概念，接單後採委外發包，卻發現人偶品質難掌控、利潤也不好，為提高品質，他決定投資成立吉祥物設計生產部及入股FRP公仔及裝置藝術製作工廠，打造一條龍產線。

　　萌經濟當道，吉祥物人偶從早年運動會卡通代言人，到近年公家機關、民間企業、公共藝術、活動展演、店面開幕，甚至政治人物選舉都會用上，仲威文創旗下最受歡迎的吉祥物人偶裝品牌「我形偶塑」平均單月營收100~200萬元，最好時曾達300多萬，比起當初發包委外的時候，品質更加穩定、交貨準時、價格提升、利潤也增加許多。

　　如今仲威文創以「文化創意」作為核心，成立十二個品牌，公司主要經營項目：企業形象、品牌視覺、整體規劃、文創商品、商空設計、材料運用、設計生產製造一條龍服務，在文創產業十六個項目中已涉略八項，包含視覺藝術產業、工藝產業、廣告產業、產品設計產業、視覺傳達設計產業、設計品牌時尚產業、建築設計產業、創意生活產業…等。

　　仲威文創曾通過多項經濟部計畫包含SBIR、SIIR、ASSTD…等，105年擴大成立台中分公司，108年擴大桃園辦事處於桃園高鐵站附近，更於110年擴大規模至高雄左營高鐵站旁，設立了企業總部暨展示中心；作為三鐵共構的匯流點，能提供全台及國際化更加完善且精緻的服務品質。

　　如今面對國際歐盟對淨零碳排與ESG永續經營的勢在必行，仲威文創創辦人何正良早在2021年聽到行政院沈副院長宣導2050年淨零碳排議題，便了解環保材料的重要性及發現商機，迅速成立ESG永續發展部，透過廢棄物再生循環利用，以中鋼爐石灰磨成粉，取代poly、FRP樹脂、包裝盒部分材質，應用於產品之製作材料上。回收廢棄FRP廢料粉碎研磨，循環再利用，同時於公司增設太陽能與購買電動車。

台灣知名IP「好想兔」
絨毛氣偶裝開發製作 ▶

在社會企業責任方面，仲威文創早已行之有年，持續深根推廣以人才培育、青年培育、產業紮根，包括與企業參訪、學校參訪、教育輔導機構、基金會參訪...等講座活動回饋社會。並與各大專院校合作，定期招募學校實習生，提供優秀人才展現舞台。公司對內透過創新策略管理，提供員工不同面向的專業訓練輔導，提升競爭力。對外整購併購相關專業企業，將專業系統化分工，達到共創雙贏、社會共融善循環之經營模式。

　　「仲威文創成立近30年，創意是仲威的商品，是仲威的主力。」創辦人何正良一路走來超過20年以上的「廠務經驗」，成為不斷優化公司團隊的「創新研發」與「整合規劃」強大推動力，以創新思維和對品質從不間斷地要求，經營優質服務熱忱的團隊，分工合作，齊心齊力仔細照顧到每個環節，體現永續經營的願景，把每個客戶當成自己人，每個品牌當作自家品牌用心規劃、提升，以成為最佳代言人為目標，共創最優質的品牌形象。

仲威永續發展績效-社會共榮善循環 ▼

台灣加盟連鎖協會南區分會參訪

國立屏東科技大學餐飲管理系參訪

義守大學創意商品設計學系參訪

TVBS新春節目特別採訪報導

TOP WAY 1996

公司旗下品牌

我形偶塑
吉祥物設計 | 人偶裝 | 絨毛氣偶版 | 客製化生產製作
最佳企業形象代言人

唯偶獨尊
FRP製作 / 蠟像模製作 / 翻模製作 / 高解力製作 / 造型雕刻 / 教學合維

唯獨有偶
Poly樹脂 | 陶瓷 | 唯偶PVC | 小公仔客製化設計生產製造

原創
·吉祥物設計·
絨毛娃娃 / 填充玩具 / 客製化設計生產製造

高雄總公司 
桃園分公司 
台中分公司 
高雄工廠

仲威文化創意有限公司

聯絡方式

高雄總公司／展示中心
地址：高雄市左營區站前北路30號
TEL：+886-7-585-1500　FAX：+886-7-585-1300

台中分公司
地址：台中市北區太原路二段66號3F
TEL：+886-4-22025650　FAX：+886-4-22063527

桃園分公司
地址：桃園市大園區領航北路4段320之2號7F
TEL：+886-3-2873013　FAX：+886-3-2873703

高雄工廠
高雄市仁武區南昌巷350號-1
TEL：+886-7-374-2760

高雄大學吉祥物　床的世界吉祥物
大同醫院吉祥物　文武聖殿 孔子關公　全國農會吉祥物
桃園花園夜市麒麟　南僑集團吉祥物　多城建設吉祥物　博田國際醫院吉祥物

197

從初心到巔峰：職涯的挑戰與感恩之旅
周書弘

康博集團董事長特助
康博預防醫學連鎖診所 總監
美加醫美連鎖診所 總監
康博集團海外事業部 負責人

在我年輕職業生涯的黎明時分，我進入了康博集團的大家庭，這一個誤打誤撞的決策遠超過了起心單純謀生的想法，它承載著我的夢想與志向。那時，儘管我年僅22歲，心中卻已繪製了一幅對未來的宏偉藍圖。我的旅程，從一名初出茅廬的業務助理逐步成長為今日的領導者，是一條充滿好玩未知挑戰與成長的道路。

古人云："工欲善其事，必先利其器。"這句話深刻地影響了我職業生涯的早期階段。我始終堅信，勤奮固然重要，但探尋並遵循正確的方法是達成目標的關鍵。我記得在加入公司的前幾年，我那時充滿滿的熱情與年輕人的活力心態驅使我嚴格遵循主管的指示，全力以赴地完成每一項任務。時間如流水般流逝，我逐漸學會了如何在瞬息萬變的市場中迅速定位自己，如何引領我們的產品在全球市場上脫穎而出，成為銷售之冠。這一過程不僅驗證了勤勉不懈的價值，更是對個人毅力與決心的最好證明。

正如羅曼·羅蘭所言："世界上只有一種英雄主義——那就是在認識生活的真相之後依然熱愛生活。"我的經歷讓我深刻體會到，無論面對何種困難或挑戰，只要持續努力，保持堅定的決心，每個人都能夠突破限制，實現自己的夢想，鑄就屬於自己的成功故事。

這個過程不僅是關於個人成長和實現夢想的旅程，更是一個關於如何通過不斷的自我超越和創新，為社會帶來積極變化的故事。每一步成長都不僅僅是自我實現的路徑，也是向著更高目標推動我進步邁進的步伐。這是一個既充滿個人奮鬥也富含自我責任感的旅程，它教會我，真正的成功不僅僅是個人的成就，更是能夠對公司、團隊作出貢獻的能力。

價值之路：成為有價值的人

在我25歲時，完成了人生中的一項重大成就，透過自己的努力賺取了我的第一桶金。這絕對是我職業生涯中一個重要里程碑，更進一步晉升為業務經理，帶領團隊在國內、外市場取得自己都想不到的好成績。我的初心是利他，這種對利他的使命感驅使我與團隊一同實現共同目標，這是一種深刻的集體合作精神和貢獻的強烈願望。

從2017年到2021年，根據吳俊毅董事長的指派，我獨自前往上海和馬來西亞吉隆玻，開創了康博集團在海外的新據點。在這兩個繁華的城市中，我不僅通過不斷創新的行銷策略和接地氣的操作，將台灣高品質的專業醫療服務推廣到國際市場，還提升了台灣醫療的國際聲譽，塑造了台灣專業醫療的品牌形象。我始終讓自己面對新挑戰，勇於接受新任務，不斷學習和挑戰自己，我的內心深處總是自我激勵："我是一個創業者，我相信自己能夠做到。這種不斷學習、調整策略、優化細節、快速執行的態度，是在激烈的市場競爭中站穩腳跟的關鍵。

而對於那些問我為何能在集團服務這麼長時間，從基層做到現在的事業處負責人的人們，我總是帶著一絲微笑回答。其實，是集團的未來願景成為了我不斷前進的動力，更要堅信自己可以有所成就。董事長作為一位經歷過失敗與成功的年輕企業家，他的不斷學習、持續優化，並且願意投資在同仁夥伴身上的格局，深深影響了我。特別是L108（Lead-108位）企業接班人培育計畫的設立，通過投入更多的專業師資、領導管理課程和與董事長共同學習的時間，目的是讓這108位的集團接班人能夠與集團共同成長。這樣的領導哲學，不僅是對個人成長的投資，更是對集體未來的投資，讓我繼續為集團的願景努力，

與董事長攜手共創健康大艦隊，幫助更多人從健康、美麗走向幸福之路。

這段經歷不僅是個人職業生涯的成長史，也是一次深刻的社會經驗和集體合作的體驗。這過程教會了我，成功不僅是個人的成就，更是團隊合作和持續學習的結果。正如愛默生所言："不要去追求成功，只需努力成為有價值的人。"通過不斷地學習、挑戰自我、適應變化，我們不僅能夠實現個人的夢想和目標，還能夠為社會帶來正面的影響，共同創造更加美好的未來。這是一條既充滿挑戰也充滿希望的道路，它要求我們持續不斷地進步，不僅為了自己，也為了整體福祉。

內部創業的契機：阿米巴哲學下的革新與成長

在過去幾年的旅程中，我有幸參與康博集團的內部創業計劃，這是開設美加康博診所行銷業務部的起點。這一過程既是挑戰重重，也充滿了無限機遇，更是我個人成長和職業發展的關鍵時期。

董事長的智慧與前瞻領導力在此過程中扮演了不可或缺的角色。他汲取了稻盛和夫的阿米巴經營哲學，推行組織扁平化，賦予每位成員作為集團小老闆的責任感和自主權，這種制度的革新不僅極大促進了業務的增長，也解決了在瞬息萬變的大環境中開發新客源的難題。更重要的是，這一改革激發了每位員工的創業精神和對工作的熱忱。

我勇於探索未知，因為我堅信，只有敢於追逐夢想，勇於面對挑戰，我們才能開創屬於自己及企業的未來。我熱切地分享我的創業經驗，向他人展示，只要我們堅持正確的方向，不懈努力，就能夠達成我

們的目標，實現自我價值，並為創造更美好的未來。

2020年末的一個深夜，我和董事長一同規劃新的行銷業務部門，我記得那時候的我們拿著一張白紙，勾勒出未來的藍圖，設定了短中長期及三年後必達成的目標。雖然心中充滿了不確定和挑戰，但我只能不斷相信我自己，有目標、找到方法，就能克服一切困難。

隨後立即展開計畫，我告訴自己『目標客在鋼板上，方法寫在沙灘上』追求目標實現計畫。每每持續的疊代優化和調整，用多種業務工具來分析問題及擬定新的策略方法，而我們最終找到了最有效的策略，並取得了令人矚目的成績：2021年達到2100萬元，2022年達到6800萬元，到2023年更是突破了1.12億元。這些成績不僅是我們努力的成果，也是對當初設下的藍圖最佳證明。

在這段旅程中，我們不僅實現了商業上的成功，更重要的是，我們通過不斷學習和挑戰，養成了更加遠大的志向和堅定的信念。每一步成長和每一次的成功，都是我們在追求夢想路上的堅實腳步，它們構成了我們共同努力的記憶和豐富的經驗寶庫，引導我們在未來的道路上不斷前進，為實現更高的理想和目標而努力。

向自己致謝：用故事點燃追夢的火花感恩過往，期待未來

回首這段旅程，我深深體會到，所有的努力和付出都是值得的。每一次挑戰都讓我們更加堅強，每一次收穫都讓我們更加成長。未來，我們將繼續努力，不斷創新，為更美好的明天而奮鬥！

希望我可以透過本次的分享故事可以讓讀者進入我的畫面，讓你深信目標是可以達成的，夢想是可以成真的。看著我在職業生涯中克服種種挑戰，擁有毅力、信心和利他的初心，就能夠走向成功的彼岸。

每一次在回顧自己的故事時，我感受到了自己的堅韌和努力。我的精神激勵著我，告訴我不要輕言放棄，因為在每一次的挫折後都會有一次更加美好的起點。我的故事讓讀者看到了希望，看到了前行的方向，看到了夢想的可貴。

現在，我想對自己說一聲感謝。感謝有這次機會與讀者分享我的故事，看到了對於創業的夢想與熱情。讓我們一同向自己學習，勇敢追夢，用我們的努力和汗水，編織出更多溫暖而的故事。我的故事將永遠激勵著我們，成為我們追求夢想的動力來源。

讓世界看見台灣的好產品與優質品牌
明青健康產業 洪金灼

商標：
中華民國商標註冊證號：02257167
中華民國商標註冊證號：02249038
國家知識產權局商標註冊證號：65527459

專利：
中華民國專利證書：發明第1808690號

得獎：
2024年9月亞洲卓越企業100強品牌大獎
2023年12月國際自然療能醫學會聯合總會－貢獻金獎
2023年11月台灣百大伴手禮
2023年1月台灣品質金像獎

1、導言

明青健康產業鏈股份有限公司致力提供每位使用者健康、秉持提供優質產品給每位消費者的信念，並兼具創新、革新，不斷推陳出新理念。當時設立之初，就有見於美麗健康產業的整合，至關重大。因此在逐漸成長的過成中，也陸續進行產素與資源整合。

也是希望整合台灣高CP值的產品，讓各種產業鏈接的結合，透過合作取代競爭，將好商品帶到全世界，發揚台灣的品牌價值。

2、公司使命和願景

我們公司的使命是不斷地尋找更好的解決方案，研發更多創新的產品，為人們的健康和幸福作出積極貢獻。在這個使命下，我們引以為傲地推出了一款獨特的產品－「通通貼 All Patch」，蘊含了玻色子、石墨烯、多種天然植萃和食品級矽膠等先進技術。

我們的願景是成為健康科技領域的領導者，為全球人們提供創新、安全、有效的健康產品，促進健康與幸福的共享。我們將持續不斷地努力，探索科技與自然的奧秘，為客戶提供最優質的產品和服務，共同打造一個更加健康、美好的未來。

3、企業創新之旅

在我們企業的創新歷程中，「通通貼 All Patch」是我們引以為傲的標誌性產品，承載了我們對健康科技的不斷追求和探索。2013年，來自英國的彼得·希格斯和比利時科學家弗朗索瓦·恩格勒特，因為他們對希格斯玻色子（也稱「上帝粒子」）的理論做出的貢獻，而獲

得了諾貝爾物理學獎。他們的成就激勵著我們不斷地探索，努力將科學的成果轉化為實際的健康產品，造福人類。

「通通貼 All Patch」是我們公司的代表產品之一，蘊含了先進科技和自然智慧的結合。這款能量貼片具有獨特的遠紅外線，科學家稱8~13微米的波長為「生育之光」，平均每秒30兆次的共振，能夠調節生理機能來促進新陳代謝，以提升人們的生活品質。

首先，「通通貼 All Patch」擁有多國發明專利，更可以重複使用3~6個月以上，這證明了我們在健康科技領域的領先地位和對創新的不懈追求。這項專利的獲得不僅是我們對技術的堅持，更是我們對品質和品牌的自信。

其次，我們進行了超過1000次的研發工作。這段充滿挑戰的旅程中，我們不斷嘗試、反覆測試，致力於打造出更有效、更安全的產品。這超過1000次的研發過程見證了我們團隊的堅持和毅力。

在超過8年的時間裡，我們持續不斷地投入大量資源進行研發工作，研發費用更超過了6000萬新台幣。這些費用的投入不僅是對我們堅定不移的信念的證明，更是對我們對產品品質和技術的承諾。

為了確保產品的品質和效果，我們決定成立了自己的生產工廠。這讓我們能夠全面掌控生產過程，從原材料的選擇到產品的製造，都能夠嚴格把關，確保產品的品質和安全。

最後，我們的產品具有客製化的特點，能夠根據客戶的需求進行定制化。這種客製化的服務不僅能夠滿足不同客戶的不同需求，還能夠提升客戶的滿意度和忠誠度。

總的來說，「通通貼 All Patch」的成功背後凝聚了我們多年來的努力和堅持，是對創新的堅定追求和對健康科技的不懈探索。我們將繼續致力於創新，為人們的健康和幸福不斷創造更多價值。

4、客戶見證及案例

我們的「健康通通貼」得到了各行各業的專業人士認可與支持，他們的見證和案例證明了產品的有效性，也為更多人的健康帶來了啟發。首先，多位物理治療師在日常工作中，運用了「通通貼 All Patch」作為輔助。她發現使用者不僅覺得比較舒暢外，還提升了他們的活力，滋補強身。

接著，多位健身教練在指導運動課程時發現，將「通通貼 All Patch」應用於運動員身上能舒緩運動後的不適感，同時提升體力和耐力，幫助他們發揮潛能。

最後，多位中醫師平常運用「通通貼 All Patch」在於專業上，並教育對方在家如何來使用，若身邊沒有中醫師在時，自己就可以簡易的方式來舒緩不適感。他發現，能量貼片能調節生理機能，對亞健康人群具有顯著健康的維持。

這些專業人士的見證和案例充分證明了「通通貼 All Patch」的有

效性和可靠性。我們將繼續努力，提升產品品質和服務水平，為更多人的健康和幸福貢獻力量。

5、員工和管理層的角色

在我們的團隊中，每位員工和管理層都扮演著不可或缺的角色，他們的專業知識和經驗相互補充，共同推動著企業的發展和成長。

首先，我們擁有工研院已退休的能量材料專家賴博士、多位自然醫學領域的專家、台灣及新加坡中醫師們，他們是我們產品研發的核心力量。他們的專業知識和豐富經驗為產品技術創新提供了堅實的基礎。

此外，我們的管理層包括健康通通貼的發明人洪金灼執行長和董事顧問羅董。他們在企業運營和戰略規劃方面具有豐富的經驗和智慧，引領團隊朝著共同的目標前進。

在市場推廣方面，我們有媒體行銷專家團隊，他們擁有豐富的媒體和行銷經驗，能夠有效地將我們的產品推廣給更多的人群。此外，我們還擁有旅行業專家及老闆們，他們的專業知識和人脈資源為企業的拓展和合作提供了有力支持。

最後，我們的團隊中還有多位傳統整復推拿老師們，他們的專業技術和豐富經驗為我們的產品提供了重要的支持和保障。總的來說，我們的員工和管理層各司其職，密切合作，共同努力為企業的發展和成功而努力。他們的專業知識、豐富經驗和團隊合作精神是我們企業不斷前進的動力和保證。

6、行業洞察和未來展望

隨著人們對健康和環境的關注不斷增加,ESG(環境、社會和治理)理念已成為企業發展的重要方向。而「通通貼 All Patch」所使用的矽膠材料可以回收再利用,符合可持續發展的理念,使得產品在市場上更具競爭力。

其次,我們有提供的舊換新服務,為消費者提供了更為便利的購買和更新方式,同時也減少了產品的浪費和對環境的影響。再者,產品的免插電、免充電和無電磁波的特點,使得它成為一款更加安全和環保的產品,同時也提高了使用者的舒適度和便利性。

「通通貼 All Patch」即將改變全世界使用傳統貼布的習慣。

7、結論

最後,「通通貼 All Patch」已推廣到國際多個國家,並有香港、新加坡、馬來西亞等國家的經銷商。我們將持續致力於創新研發,提供更多安全、有效的健康產品,為人們的健康和幸福貢獻更多價值。

榮獲2024年亞洲卓越企業100強品牌大獎-最優質健康產品（新加坡頒獎）

『通通貼』榮獲2023年國際自然療能醫學會聯合總會-貢獻金獎（香港頒獎）

『通通貼』榮獲2023年台灣品質金像獎

『通通貼』榮獲2023年台灣百大伴手禮

6th 品牌金舶獎
Golden Ship Awards

ESG | 3 良好健康與福祉 Good Health And Well-Being | 12 負責任消費與生產 Responsible Consumption And Production | 17 促進目標實現的夥伴關係 Partnerships For The Goals

通通貼 All Patch

平均每秒30兆次能量共振，可重複使用3-6個月。
30 trillion energy resonances per second, reusable for 3-6 months.

在泰晶殿皇家SPA遇見更好的自己

張秀華

◆泰晶殿皇家SPA莊園 總經理
◆第三屆台灣品牌金舶獎
◆民國111年台中市青年獎
◆台中市美術沙龍學會 理事長
◆中華芳香紓壓美學教育協會 理事長

官方網站　　官方LINE@

我從高雄餐旅大學畢業後，便踏上了一條充滿挑戰和機遇的道路，這二十年來，我在休閒服務業中不斷探索和成長，最終成為泰晶殿皇家SPA莊園的總經理。這段旅程如同一幅色彩斑斕的畫卷，每一筆都蘊含著我的努力與堅持，每一抹色彩都記錄著我的成就與感動。

從最初的夢想，到如今擁有名車和溫馨的家，我的每一步都走得堅定而踏實。記得30歲那年，我買下了人生中的第一台賓士，那是一個夢想成真的瞬間。32歲時，我在七期買了一個溫馨的家，生活便利，家門口便是我辛勤耕耘的泰晶殿。39歲時，我又換了一台新的賓士，這些成就背後，是無數個日日夜夜的努力和奮鬥。

疫情期間，是我在泰晶殿以來最久沒有出國的時光，選擇去嶺東科大就讀EMBA繼續學習，但這段時間也讓我更加堅定了內心的信念。早些年我前往泰國臥佛寺學習按摩，獲得了國際證照。這段學習之旅雖然艱辛，但也讓我深刻體會到，唯有不斷學習與提升，才能遇見更好的自己。不到40歲的我，已經踏遍了20多個國家。每一次旅行，都是一場心靈的洗禮。西歐的法國、比利時和英國，南歐的西班牙、義大利、克羅埃西亞、斯洛尼亞、蒙地內哥羅、波士尼亞、梵諦岡，北歐的挪威、愛沙尼亞、瑞典和芬蘭，中歐的德國和瑞士，亞洲的日本、韓國、泰國、香港、印尼、越南、馬來西亞、新加坡、菲律賓等地，每一個國家都為我的人生增添了豐富的色彩和深刻的智慧。無論是米其林三星的美食饗宴，還是各地的文化探索，都讓我對生命有了更深的理解和感悟。

在這條追求卓越的道路上，我獲得了台中市青年獎和第三屆品牌金舶獎。這些榮譽，不僅是對我個人努力的肯定，更是對團隊共同奮鬥的認可，我深知，每一個成就的背後，都離不開團隊的支持和合作。泰晶殿皇家SPA莊園是我展示自我、實現夢想的舞台。在這裡，我遇見了更多志同道合的夥伴，我們一起奮鬥、一起成長，成為了真正的一家人。每一天，我都懷著一顆熱愛生活的心，讓工作和生活充滿了精彩和意義。

學油畫15年的我，參加了15次聯合展覽，也當了理事長為大家服務而每一次展覽都是自我展示和成長的機會。藝術讓我在繁忙的工作中找到了心靈的慰藉，讓我在追求事業的同時，也不忘提升自己的內在修養。這段人生旅程，是一條遇見更好的自己的道路，從一個天真純樸的大學畢業生，到如今全國知名的專業經理人，我用實際行動詮釋了女性的自信與美好生命。我希望我的故事，能夠為您帶來啟發，讓您在自己的生活和事業中找到更多的價值和意義。願我們都能在各自的人生旅程中，不斷追求卓越，活出精彩人生。

十方啟能中心讓愛轉動公益活動

持續創新：泰晶殿的全面發展戰略

泰晶殿皇家SPA莊園將創新和卓越視為靈魂的燈塔，引領我們不斷前行。作為夢想的共同繪畫者，我攜帶在泰晶殿和中華芳香紓壓美學教育協會的經驗和智慧，帶領團隊朝著成功邁進。

我懷抱著一個使命：透過細膩的服務與創新的解決方案，讓每位來到泰晶殿的客戶感受被珍視和呵護。同時，我們擁抱社會責任，與學院合作培養未來人才，支持台灣農民，參與生命救援的捐血活動，超越商業的範疇，證明企業的影響力。

我們致力於創建以人為本、鼓勵創新的工作環境，每一個決策和行動都秉持對地球的敬畏和保護，從減少一次性消耗到選擇可再生能源。泰晶殿的追求是全方位的，將核心元素融合，打造一個既創新又對社會負責的企業。這是對客戶、社會、未來世代的諾言，我們將持續不懈地努力實現這多元且可持續發展的夢想。

我們深知，持續創新是實現這一目標的關鍵。因此，我們不斷推動新思維和技術的應用，從產品和服務的創新到管理和運營的改進，不斷挑戰自我，追求卓越。我們將每一次的挑戰都視為成長的機會，每次的失敗都視為寶貴的經驗。這種積極進取的態度貫穿我們的工作文化，激勵著每一位成員不斷突破自我，不斷創新。

在泰晶殿，我們相信，創新不僅是企業的競爭力，更是對社會的責任。我們將不斷引領行業發展，影響更多人的生活，實現企業和社會的雙贏。這是我們的使命，也是我們的動力，我們將繼續以全面發展的

戰略，持續創新，為更美好的未來而努力。

圖左：四姊妹同遊歐洲23天　　　　　　　　圖右：克羅埃西亞與主管旅遊15天

觸動未來：泰晶殿的創新與永續旅程

自泰晶殿皇家SPA莊園啟程，創新一直是我們前進的動力。在面對挑戰和機遇時，我們始終擁抱創新，勇於探索新思維和技術，希望通過不斷成長展現價值和責任。我們的創新之旅始於深刻理解市場和客戶需求，透過市場研究和深入互動發現新趨勢、挖掘創新機會。這些洞察指引我們方向，激勵研發團隊創造新穎又觸動人心的產品和服務。

在企業文化中，我們鼓勵同仁勇於創新和嘗試，打造支持創新的環境，讓每個人的創意照亮整個團隊。這種文化促進了團隊合作和知識共享，助力每位同仁個人成長。

泰晶殿作為預防醫學的重要一環。透過按摩，我們可以幫助客戶舒緩壓力、緩解肌肉疲勞，促進血液循環，提升整體健康水平。我們不僅關注客戶的身體健康，更重視他們的心理健康和生活品質。

在泰晶殿，我們相信，預防勝於治療，因此提供預防性的按摩服務，是我們履行社會責任的一部分。總體而言，泰晶殿的創新之旅是不斷探索的過程，是我們成功的基礎，也是企業文化的核心。這種持續的創新讓我們贏得了客戶的認可。我們將繼續引領行業的發展，不斷探索新的領域，為客戶提供更優質的服務，為社會貢獻更多的價值。

圖左：第三屆金舶獎總統頒獎　　　　圖右：民國111年台中市青年獎

共同綻放：泰晶殿的創新與團隊協作

在泰晶殿皇家SPA莊園這個大家庭中，每次的互動都成為共同記憶的一部分，充滿了溫暖和友善。我們的文化不僅讓我們在挑戰中更加團結，也孕育了創新的土壤。

這種家庭氛圍影響了每位夥伴的工作和生活，讓我們在面對挑戰時更加團結，因為我們知道背後有一個大家庭的支持。我們像是一個巨大的拼圖，每個人都是這個完整畫面中不可或缺的一部分。每個人的貢獻和努力都被重視和珍惜，這種共同的認同感讓我們更有信心面對未來的挑戰。

我們的管理層就像這個家庭的家人，樂觀積極地引領同仁們前行。不僅關心每個人的個人發展，更注重團隊的整體合作和發展。領導風格讓同仁在困難面前保持正向態度，並找到解決之道。管理層以身作則，用行動影響著同仁們，激勵大家不斷進步，追求卓越。

這個大家庭就像一個充滿活力的花園，每一位成員都是獨特的花朵，而管理層則像是園丁，精心照料著每一朵花，讓她們在最適合的環境中茁壯成長。這個花園因為有了各種花朵的共同綻放，才變得如此繽紛和生動。每個人都在這個大家庭中找到了屬於自己的位置，彼此支持和鼓勵，共同成長

透過這些生動的比喻和具體的故事，希望能夠讓讀者們感受到泰晶殿獨特的文化和氛圍，這是一個充滿愛的大家庭，在這裡不僅追求事業上的成功，更重要的是，學會了作為一個團隊，作為一個家庭，一起成長和進步。在這個大家庭中，每個人都有自己的價值和使命，我們相互扶持，共同努力，讓泰晶殿成為一個更美好的地方。

圖左：團隊聚餐活動　　　　　　　　　圖右：九族文化村秋季旅遊

迎接未來：泰晶殿的無限可能

翻開《企業創新與使命》的每一頁，就像搭上了一趟穿越創新之旅的列車，眼前的風景時而感動，時而興奮。這本書不僅是泰晶殿皇家SPA莊園創新軌跡的紀錄，更生動展現了我們如何將創新貫穿社會責任和可持續發展。這是一場閱讀經歷，更是一場心靈的洗禮。

書末的結尾就像是在寒冷的冬日品嚐到的一杯熱茶，仿佛是溫暖和舒適的擁抱，充滿了對未來的美好期待。泰晶殿將繼續引領行業，不畏挑戰，為更美好的明天而努力。這是對每一位客戶、每一位同仁，以及整個社會的承諾，也是我們不變的使命。

這一刻，我們為泰晶殿的未來歡呼，為團隊的每一份努力而感到自豪。這場精彩絕倫的旅程，就如同一場喜劇，我們在歡笑聲中迎接充滿無限可能的未來。

圖左：泰國臥佛寺考國際證照
圖右：閃耀金紅春酒活動

我的故事，從父母滿滿的愛說起

馬秀蓁

- ◆ 國際商務獅子會榮譽會長
- ◆ 世界留台校友會緬甸僑生
- ◆ 全球女性覺醒國際聯合會外聯部
- ◆ 世界華商高峰會成員
- ◆ 世界歸僑協會會員
- ◆ 全球吸引力股份有限公司代理商
- ◆ 聯合國亞太菁英領袖部副主席
- ◆ 中華多元和合知行學舍榮譽理事長
- ◆ 中華國際新住民領導人總會榮譽會長
- ◆ 創時代商聯會台北分會長
- ◆ 皇龍國際股份有限公司董事長
- ◆ 覺醒大愛家族成員

個人專屬網站

我叫馬秀蓁（原名馬靜雲），我來自緬甸的回教富豪家庭，感謝台企會的培綸老師，也讓我有一次這樣的美好因緣，可以說說我原生家庭的故事，讓我有機會用我的故事可以鼓勵更多的女性朋友走出婚姻的枷鎖，而一直深深著影響著我，和我的事業、親子關係的發展，也是最感恩我的父母親，是因為他們讓我在滿滿的愛中長大，也才能走過千山萬水，也對比了我在台灣所受的婚姻與苦難，也因著這樣原生家庭的滿滿的愛與福報，才能在面對再多的困難、挫折中，都能一一撐過每一場上天安排的魔難與考驗。

我這輩子快60歲了，我沒有偶像，我的爸爸是我的偶像，因為爸爸在我心目中是一位成功的成功的生意人，他很有錢，他很大愛，很博愛，誰來找他幫忙，他都不會拒絕，他都是幫助一些需要幫助的人啊，一些農民吶，還有弱勢團體啊，孤兒這些，她在華人圈子裏是算很有名的。

因為我爸爸11歲就沒有爺爺了，他有一個弟弟一個妹妹，我奶奶那個時後才31歲，那個時。爺爺意外身亡，爸爸就開始扛起責任，去幫別人家打工，16歲開始學做生意，爸爸很有生意頭腦，爸爸娶了我媽媽後生意越做越大，我媽媽有幫夫運，我們孩子帶財越生越旺，我是家裡最小的我是排行老十，我出生有記憶到現在，家裡豐衣食足，家大業大，家後方有菜園，前有超大的院子供牛車，卡車停，爸爸是米的批發商，爸爸養牛供農民種稻，爸爸養很多馬買賣，我小時候每天傍晚爸爸會把我抱上馬背去遛馬，我的同學夥伴鄰居都會用羨慕的眼光看我，因為我是最小最調皮最活潑可愛家裡每個人都很疼我寵我愛我，我的童年好幸福，

說到我媽媽更不得了，她是一位偉大的女性，他不僅把我們孩子個個養好，還非常孝順奶奶，我奶奶時常說媽媽比親生女兒還好，媽媽也非常順夫，爸爸外面有女人還幫小三整理房間接二媽媽回來跟我們同住，我從小到爸爸媽媽往生沒有看過他們在孩子面前吵罵過……媽媽脾氣好到無法形容，我們在家裡不準講是非講八卦說閒說，奶奶也很嚴格，在家只能說我們中國話，不能說其它語言，要保持中國孝道文化，奶奶說媽媽是：

一位難能可貴的好太太
一位不可多得的好媳婦
一位非常偉大的好媽媽
一位對媳婦跟親生女兒一樣的好婆婆
一位善良有大愛的好鄰居……我們的家庭只有笑聲沒有吵鬧聲，我們有一個溫馨充滿愛的家庭。

我爸爸是華人圈裡最熱心助人的老爺子，大哥是馬幫的幫主茶馬古道運茶葉經過緬甸賣去泰國，當時緬甸被英國統治下生意很好做，就落腳到緬甸，我就在緬甸出生，我遺傳媽媽的大氣媽媽的善良，剛來台灣舉目無親吃盡苦頭，又遇見一位三觀不合的另一半，我曾經想不開，曾經因教育孩子的方式不同，經常家暴鬧到法院，當時想不開痛不欲生，我也曾經是張老師自殺專線的個案輔導人員，後來因為自找出路去上了很多的身心靈課程，慢慢的看開看淡看透看懂看清看破……感謝孩子爸爸來給我功課及磨練 ，

我的母親因為是大老婆，父母因著從小也是孤兒，所以我的母親如同人間菩薩、人間天使一般，待人和藹可親、善解人意，我也從小從沒

見過我的母親和父親吵架、頂嘴或不開心，更未曾見過大老婆的我的母親，和四個老婆之間、父親之間有過紛爭或挑撥、不舒服的情境……是怎樣的一個女人，可以有這樣的氣度服務著在緬甸的一個經商的企業家老闆的家庭，那個女人，也就是可以讓我非常驕傲地介紹地說……那個女人就是我的母親。而我的母親就生了十個兒女，四個兒子，六個女兒，總之，回顧至此，一個男人或女人，能家庭和事業之間稱霸群雄，除了財富的富足，身體健康，也的確是先備的條件之一啊。

父親是西安陝西人，從事米的批發生意，也帶著家中的大哥們往來泰國從事茶葉的買賣，進出口商品，而我姓馬，生肖屬馬，從小，更是騎著馬，在大草原奔馳的馬背上長大的一匹野馬，因為我從小就是特別喜歡跟男生一起玩，一起長大，再加上母親、哥哥姐姐的疼愛照顧，也就造就成了我的獨特人格特質與魅力，和男人自在的稱兄道弟、做朋友、做事業，總覺得比和女生容易多了，也不知道這樣到底是好，還是不好，最後，我只知道，人生，也沒有甚麼絕對的好或不好，我看著父母從小讓家裡的工人、佣人像家人一樣一起用餐，我看著父母親在富裕的事業、家業中本著初心，都是想照顧好每個家人的心，而成為一家人的，從小看我的父母喜歡幫助別人，幫助孤兒院，來家裏的客人，從來沒有空手回去的……說到這裡，我想，我還是深深感恩我的父母親為我們所做的一切，因為這也是在我心中種下一顆和父母一樣，想要幫助、照顧好身邊每一個人，就成了我心中最大的夢想種子了。凡事感恩，天道酬勤，就成了我一路走來的座右銘。

走出婚姻的枷鎖，為母則強的蛻變

帶著憧憬與夢想我在民國74年5月9日來到了台灣，當時在台灣沒有半個親人的我，一路飽受這一生最苦的歲月，就是在台灣一路求學、工作的生活，同年5月27日我也拿到了台灣的正式身分證，曾經被騙、曾經走投無路、曾經初來台灣發展最苦的前幾年，沒有半個親人，一且得靠自己，堅強的不願走回頭路回家鄉當公主的我，回顧最苦在台的前三年也曾想自殺過，記憶中自己在民國97還在自覺活不下去想自殺前，一邊哭一邊寫下一封{難以寄出的一封家書……}給自己，給家人……想想從小被父母親捧在手掌心長大的掌上明珠，因為夢想著來台灣念書、工作，繼而以為遇見愛而踏入了婚姻……81年結婚，83年生老大，84年在生下老二，來台自己生活的苦難，人生懷抱著第一個夢想，離鄉背井來到台灣想挑戰新的人生，懷抱著第二個美夢踏入婚姻的枷鎖，遇人不淑、無法溝通，從小沒看過父母吵架的我，活生生就把電影情節搬上了我的人生，白雪公主遇上白馬王子的美夢沒有因為兩人的成家立業而同心協力，財米油鹽醬醋茶的生活壓力，全因成長背景的不同，個性的無法接納包容，母因子而貴，為母則強的內在聲音，一直堅強地告訴自己，無論遇上任何再大的挫折與苦難，為了三個孩子，我都一定要有母雞保護小雞的魄力和企圖心，尤其在懷著老二的過程，我們夫妻常因一點小事大吵大鬧，孩子出生有了先天性的重聽，成了我當母親一輩子最大的遺憾，隱忍著，為了表面的全家幸福景象，心想一定可以讓全家人更好的聲音，88年再生下老三，面對一個新生命的喜悅，卻也是每一個母親再苦都都能忍受，再苦都能撐過一片天的動力與動機，就是為了孩子……於是在陪伴三個孩子慢慢成長的過程中，等待、忍耐、陪伴的美好和另一半的生活壓力、溝通不良的苦難記憶，再經過8年的婚姻合作後，老三上了小學卻也讓我做

了這一生的第三個美夢，決定當一個快樂的單身母親，為了孩子和自己的美好未來，一個公務員老公雖然生活可以穩定溫飽，個性的懸殊讓我如同帶著四個孩子，還走不出美好的未來，真正感受到所謂婚姻的枷鎖與墳墓，讓內心還有著夢想的我，終於在婚姻生活維繫15年後，民國96年為了自己和孩子得更勇敢走出一條屬於自己的康莊大道，我們終於簽字離婚了……結束了我在台灣的第二個美夢。帶著感恩的心回顧上天給的禮物，也是在婚姻生活裡最大的收穫，就是更了三畝良田，三個孩子的善良體貼，成了我一生最大的驕傲。

跌跌撞撞的創業路，孩子是我一生的福田

回顧北商大畢業後讓我最值得驕傲的事，就是用自己賺的錢，接父母親來台同住過一段時間，而一路同行的龐大家族兄弟姊妹，一行人30幾人浩浩蕩蕩從緬甸來到台灣度假、生活、旅遊的安排，全是我一個人買單與包辦，對於曾經擔任緬甸暨全球來台商會的會長、世界留台校友會會長，全世界繞著地球跑過好幾圈的我，在此，也要感謝一路在台灣長姐如母的馬靜芬三姊對我全家人的照顧和疼愛，一路在台灣房產、生技醫療、保險業、生命產業也曾創下輝煌收入和帶領團隊創下佳績的我，內心最放心不下的，還是我那個從小以重聽的老二，看他一路求學、工作的被差別對待，也曾經被詐騙集團差點賣到柬埔寨，讓我一路相信，我們和我們父母所能做的每一件好事，種下的每一顆好的種子，其實都會為我們或我們的下一代所存糧的……於是，為我的第二個特殊的孩子安頓好他安身立命之處，在疫情三年，無處可去，無國可出，無機會可大展身手的同時，高雄的朋友來跟我分享一個調頻身心能量的奇蹟手環…翻轉孩子的生命奇蹟也真得降臨了……

一個最善良、最偉大母愛的動機，為了讓我得重聽的孩子，不要為了時薪工作，騎著機車，穿越大街小巷送團購，包團單，還要被老闆欺負，當母親又沒有能力幫他開店、開公司，但是，內心想幫孩子創業的心是堅定的，內心想和孩子一起環遊世界的夢想是有的，我想，可能我的善良，我和我的父母們曾經播下的善良得愛的種子，上天讓他在下一代的福田裡開花結果了，朋友推薦了一個不到四千元就能創業的商機，對我而言，不是自己可一賺到多少財富的問題，而是後疫情時代，如此的微型創業微商，不用瓶瓶罐罐的保健品推銷，我深深覺得太適合給我得重聽的老二兒子來創業啟航，如果幫助了自己的的孩子，一定也能幫助到更多沒有太多資金就能啟動的事業，從北到南，我看到的是更多沒有背景的洗碗工、保全人員，退休老人，在這個事業的見證分享和成功故事，為母則強的事業心，加上上天的祝福，而且還是我夢寐以求可以可以從台灣出發，放眼國際，立足全球的國際事業更是我內心所求，2022年一位母親為了重聽孩子的未來而投入得最少資金創業，卻在我生命中創造了最不可思議的收入和驕傲，我十幾年在北車天成商業大樓15樓經營一個商務中心，見過多少最叱吒風雲的賺錢機會，曾經我在桃園、香港、大陸都有百坪的環球企業總部，如果不是疫情三年綁住了我們的心，我想，我還是會看不一起一個如此微小的微商創業機會，也因為當母親想為孩子創業的心，毅然決然地把天成教室開始了助己助人也助兒子創業的量子奇蹟環事業，無心插柳柳成蔭的善種子，竟然在全台遍地開花，2024/05/20更在全球吸引力公司的表揚下，重聽的兒子是月入數十萬的三星大使，我也在今年更是帶著兒子舉家南遷，買下一間南投的房子實現我們和孩子終於有了自己的事業、自己的房產，還可以將事業推展到我熟習的家鄉緬甸、東南亞，甚至大陸，世界各國實現環遊世界的最大夢想！人生

的絕處逢生，你永遠不會知道苦難是化了妝的祝福，你永遠不會知道上天給你的重重考驗之中，在哪一層魔考背後藏著最大的禮物。

為所有女性覺醒的故事而努力！

如果我的故事可以帶給一些有特殊孩子的家庭父母一些啟發，成家立業的路上跌跌撞撞，不變的心，是我們想要和孩子一起更健康快樂幸福的心⋯⋯

如果我的故事也可以帶給一些正在苦難婚姻中走不出自己自己的婦女朋友們一些忠言逆耳，其實我想說的是，女人，為母則強⋯⋯而不管你終究內心多堅強，我們知道你揚在臉上的自信，藏在心裡的善良，融進血裡的骨氣，刻進命裡的堅強，時間點到了就好，讓我們一起成為你最想成為的自己，最你最想做的事，成為你最想成為的角色，去你最想去的地方，有緣，我們一定會相遇的。

祝福感恩每一個在我和我孩子生命中出現的每個貴人。

228

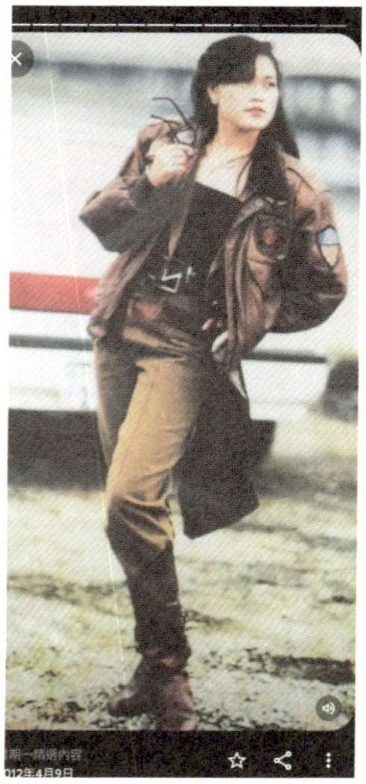

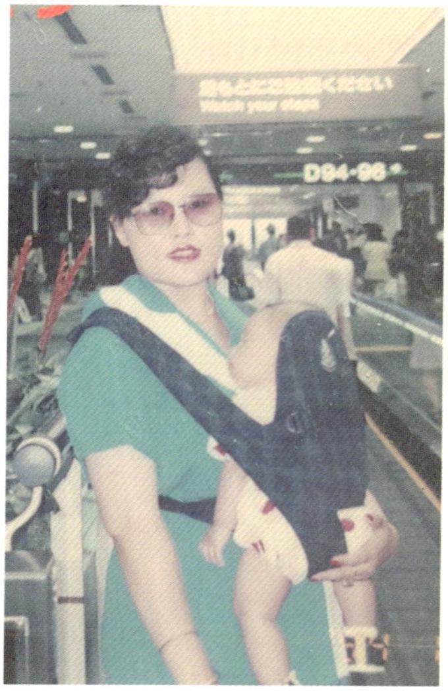
D94-96

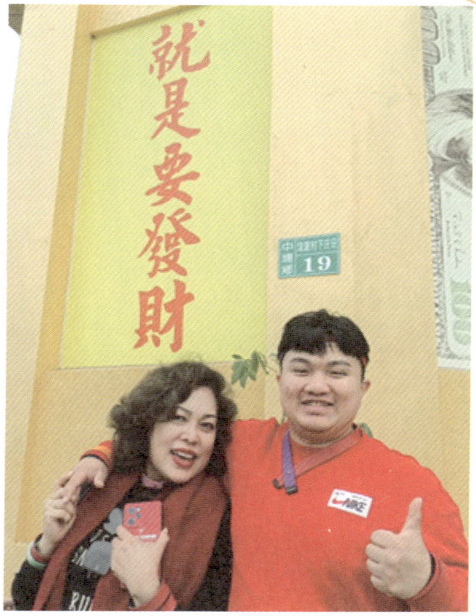
就是要發財
19

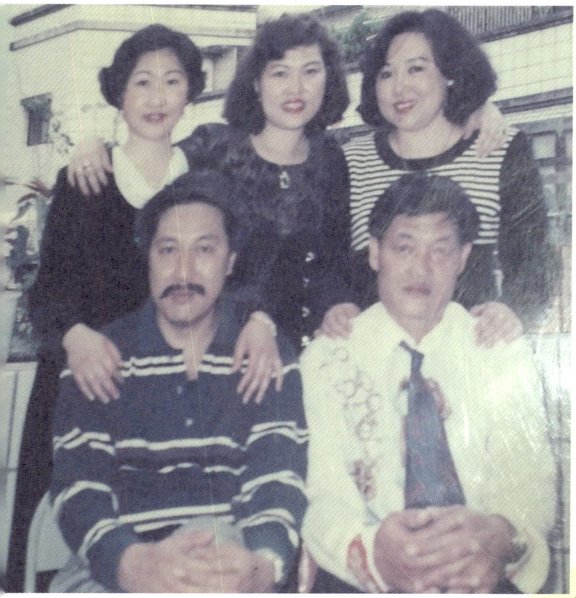

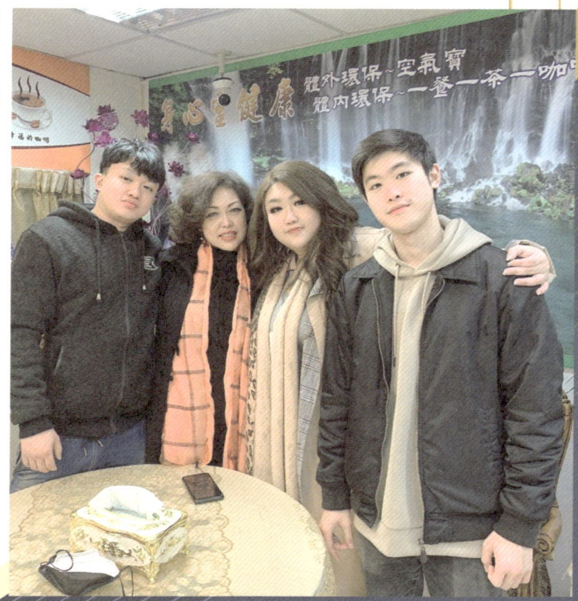
體外環保~空氣寶

從土地到品牌：法布甜的創新之旅

法布甜　張淑卿

Line@　　　官網

法布甜APP　　　FB粉專

◆ 瑞士旅館管理SHML碩士

◆ 法國藍帶廚藝學院

◆ 111年全國社會青年代表

◆ 法布甜　法式伴手禮　創辦人

◆ 2020年米其林推薦伴手禮

◆ 5屆台中十大伴手禮　首獎　金口碑獎

◆ 第三屆　台灣品牌金舶獎

◆ 世界美食評鑑三冠王

法布甜五星團隊

在這個變幻莫測的商業紀元中，創新已經成為企業不可或缺的生命線，它不僅保障了企業的生存，更是推動其發展壯大的核心動力。以法布甜為例，這個根植於台灣土地，以創新和本土農產品為心靈之錨的品牌，致力於領航一股健康而無負擔的伴手禮新潮流。在《企業創新與使命》的序章裡，我將以法布甜的創業精神為引，深入展示如何將本地農產品與創新思維糅合於一體，並在這堅實的基礎上建立起一個強健的品牌與企業文化。這本書記錄了我們的征途，它同時也開啟了對未來創新道路的探索與思辨。

品牌傳遞精神

傳統與創新的融合：法布甜的品牌哲學

十幾年前的一個關鍵決定為我的人生故事翻開了新的一頁。我遠赴法國，學習歷史悠久的法式甜點烘焙技巧。遠離家鄉的日子裡，孤獨和苦楚成為我的常伴，正是這段時光，激發了我對甜點的無盡熱愛。當我品嚐到那結合了蛋白餅與鳳梨果醬時，鄉愁和創新的靈光一閃，決心把這種獨特風味帶回台灣。

公司使命和願景深植於這段豐富而深刻的旅程。堅持使用台灣本土農產品，創造出既健康又無負擔的甜點。這既是對傳統與創新結合的追求，也是對家鄉風味的深情致敬。我的馬卡龍鳳梨酥，不僅代表著對家鄉文化的敬意，也體現了我堅定的承諾：使用天然原料，絕不添加任何化學添加劑或防腐劑。

從2013年在大墩開設的首家店面開始，我的品牌法布甜逐步在台中、台北等地擴展了多家專櫃，每一步的成長都見證了我使命實現的進程。在這個過程中，從產品開發到客戶服務，每一項創新在更好地滿足客戶的需求，實踐我對健康、美味及責任的承諾。

我的願景是將法布甜打造成為台灣甜點界健康的領航者，通過不斷的創新提升產品品質，同時堅守對社會責任的承諾。這包括對夥伴們的培訓和發展，以及對台灣其他農產品創作及可持續性的重視。我堅信，憑藉這樣的使命和願景，法布甜更能對社會作出積極的貢獻。

深耕文化，創造品牌：法布甜的文化底蘊與市場策略

法布甜的創新之旅，對我來説，是一段深刻融合傳統與現代、實體與線上元素的歷程。在這旅程中，不斷在服務和顧客體驗上尋求創新。我的願景是將法布甜塑造為一個既具有獨特吸引力又擁有深厚文化底蘊的品牌。

談到產品創新，我們的無油馬卡龍鳳梨酥便是一項突破性的創新。透過精湛的技術，成功地結合了傳統的土鳳梨酥與現代的馬卡龍，創造出了獨一無二的口感和風味。這種產品的開發不僅彰顯了我對傳統甜點的敬重，也展示了我對創新的不懈追求。

在原料選擇和品質控制方面，用創新同樣關鍵。堅持選用最優質的原料，以確保每一件產品都能達到我們的高品質標準。這種對品質的堅持不僅獲得了顧客的信任，也成為了我們品牌不可或缺的一部分。

此外，對於服務的創新也是我們不可忽視的一環。我們將客戶至上的理念貫穿於提供的一站式服務中，不論是在實體店鋪還是在線上，我都致力於為顧客提供美好的購物體驗。從選購到售後服務的每一環節，都體現了我對顧客需求的深刻理解及對服務品質的持續追求。

法布甜的創新之旅展現了我對產品、品質和服務的全面革新。透過這些努力，不僅創造了獨特的產品，更在市場上確立了獨特的品牌形象，為法布甜的未來發展奠定了堅實的基石。

將傳統轉化為國際：客戶見證法布甜的創新精神

法布甜的產品創新之旅，始於首創的無油馬卡龍鳳梨酥，此後延伸至探索和研發多種風味。從原味馬卡龍鳳梨酥到融合彰化茉莉綠茶、日月潭紅茶，再到南投集集紫蘇梅櫻花口味，以及台南愛文芒果和南投烏龍茶口味的創新嘗試，我們的產品線持續豐富，迎合了廣泛客戶的多元化需求。

在這一章節中，我想分享顧客的見證和一些實際案例，以展示我們如何通過不斷的創新研發，創造出既獨特又深受歡迎的產品。例如，一位來自彰化的顧客對我們的烏茉莉綠茶口味馬卡龍鳳梨酥讚賞有加，他認為這款產品完美融合了傳統鳳梨酥的風味與現代創新元素。他甚至將我們的產品作為禮物送給外國朋友，讓他們也能體驗台灣的地方特色。

另一位來自台南的客戶，她對我們的愛文芒果口味馬卡龍鳳梨酥情有獨鍾。她表示，這款產品不僅口感獨特，對她而言還充滿了回憶的意義，勾起了對家鄉的思念。這樣的反饋不僅證明了我們產品的成功，也顯示了我們如何通過創新與顧客的記憶和情感建立聯繫。

這些客戶見證和案例突顯了，我們的創新研發能力不僅推動了產品的多樣化，也深化了我們與顧客之間的關係。每推出一個新口味，不僅豐富了產品線，也與顧客共同編織了美好的記憶。透過這種持續的創新與對品質的堅持，法布甜在顧客心中鑄就了深刻的印象，並在市場上確立了堅固的地位。

打造品牌靈魂：法布甜夥伴與管理層的共同使命

在成長的旅程中，深刻意識到夥伴和管理層是成功不可或缺的關鍵。我們的團隊不僅是產品製作的心臟，更是推進創新和品牌文化傳播的主力軍。從傳統的土鳳梨酥研發到創新口味的探索，每一步都蘊含了夥伴們的專業知識和創新熱情。

我們的同仁在產品製造過程中的表現出色，同時在品牌推廣和客戶服務方面也扮演著關鍵角色。他們對高纖土鳳梨餡和其他健康原料的深度研究，確保了我們的產品既保留了傳統風味，又能迎合現代消費者對健康的追求。

管理層則在這一過程中發揮了引導和支援作用，保證了團隊的創新路徑與公司的使命和願景保持一致。通過營造一個開放、鼓勵創新的工作氛圍，管理層促進了夥伴們的創意發揮和職業成長。在品牌策略和市場定位方面的決策，推動了公司的持續進步和市場擴展。

健康轉型：法布甜在甜點行業革命中的角色

法布甜在甜點行業的征途中，不僅見證了自身的成長與創新，也映照出整個甜點行業的演進與所面臨的挑戰。當前，甜點市場正在經歷一場轉型，其中消費者對健康的重視以及對具有獨特性和特色產品的需求日益增長，成為驅動行業前進的關鍵因素。

法布甜的獨特性成為了我們站在市場前沿的核心競爭力。我們的馬卡龍鳳梨酥憑藉其創新口味和高品質原料，在市場上獨樹一格。我們的產品不僅迎合了當代消費者對健康與便捷性的需求，例如常溫保存的

便利，也滿足了他們對產品獨特性和創新性的追求。

展望未來，我們將繼續走創新與品質並重的路線。隨著市場對健康食品和環保產品需求的增加，將更加關注產品的健康屬性和對環境的友好性。此外，我們也將開發新的口味和產品線，以適應市場的持續變化和消費者多樣化的口味需求。

不止於甜點：法布甜的企業文化與創新精神，雙軌策略

通過《企業創新與使命》這本書的深入探索，我親身經歷了如何將創新植根於法布甜的企業文化之中，並借此實踐了我的願景與使命。從那個懷抱夢想的創業之初，到成為市場上的一位領導者，旅程凸顯了堅守原則和勇於創新的重要性。法布甜的故事並不僅僅是關於甜點製作的藝術；它更是一個關於如何在商業領域通過不斷的創新和堅持不懈努力，留下深刻印記的啟示。

烘焙TOP30品牌 頒獎

健康是最好的伴手禮

左起：員工生活平行衡-朔溪默契考驗、法布甜的團隊夥伴、台北八德店開幕

左圖、右圖：在法國求學期間品嘗各式各樣甜點、學習技藝

米其林頒獎典禮　指定伴手禮品牌-法布甜

資產傳承：家業永續的智慧之路
創兆力國際顧問 連文昭

◆80年第一屆地政士國考合格
◆桃園市第一地政士公會理事
◆桃園成功扶輪社第22屆社長
◆各大社團約聘財產稅講師

回顧這一路走來，我最初以地政士的身份進行不動產買賣與過戶工作。然而，隨著時間的推移，我逐漸意識到財產傳承中的複雜性，以及其中潛在的家庭糾紛。這些經歷引導我思考：當人們忙於處理生意和家庭的繁瑣事務時，往往忽視了未來的傳承規劃，這樣的忽視可能會帶來極大的風險和損失。因此，我在95年左右決定轉型為資產傳承規劃師，專注於在有行為能力時為家業和財產做好規劃，以確保財產的平穩過渡和家庭和諧。

從傳統觀念到現代傳承的挑戰

在我的職業生涯中，見證了時代的變遷對家族財產傳承的巨大影響。過去，女性在財產繼承中的地位極為低下，遵循「在家從父，出嫁從夫」這種逆來順受的傳統觀念，通常不會回娘家分財產。然而，隨著教育水準的提高，現代女性開始意識到自己的權利，並在財產分配中要求公平對待。這樣價值觀的變化與歧異引發了許多家庭內部的爭議，特別是在傳統農田轉變為高價值建地的背景下，女性回娘家要求分配財產的情況越來越普遍，這些糾紛給家庭帶來了深遠的影響。

作為一名地政士，我處理過許多複雜的財產糾紛，例如共有土地的糾紛、祭祀公業的清理等。這些問題往往涉及法律、家族關係和歷史背景，對於不動產的處理需要極高的專業知識。例如，共有土地中，少數人的意見往往會制約多數人的決策，特別是被迫以「公同共有」方式繼承時，將使得土地的處理變得複雜而耗時。在這些案件中，我逐漸發現，僅依靠法律並不足以解決所有問題，實務操作中的靈活性和對細節的掌握同樣至關重要。

從法律到實務的轉型：資產傳承的兩大核心

在資產傳承規劃中，我們關注的核心有兩個：傳承與稅務。傳承涉及到如何合法且合情合理地將財產傳給下一代，而稅務則關乎如何在合法的框架下最大限度地減少稅負。過去，許多人通過將資金隱藏在保險或海外帳戶中來達到避稅的目的，但隨著查稅的手法不斷進化，舉例來說，國稅局已經能夠利用AI技術，根據大數據分析來發現異常資金流動，從而追討稅款。因此，現今的稅務規劃必須更加合法嚴謹。

在進行稅務規劃時，我們常常需要根據不同的家庭狀況設計出最佳方案。以一個中小企業主3-10億的資產規模為例，過去常見的規劃策略常會利用不動產、保單、海外帳戶進行資產壓縮、隱藏資產來規避租稅，然而，隨著如實質課稅原則、房地合一稅2.0等法令的變動與認定及AI科技的發達，我們必須與時俱進，採用更加靈活且合法的方式來進行稅務規劃，以「倍轉稅源」、「輕稅移轉」、「課稅遞延」、「租稅豁免」為節稅新思維。

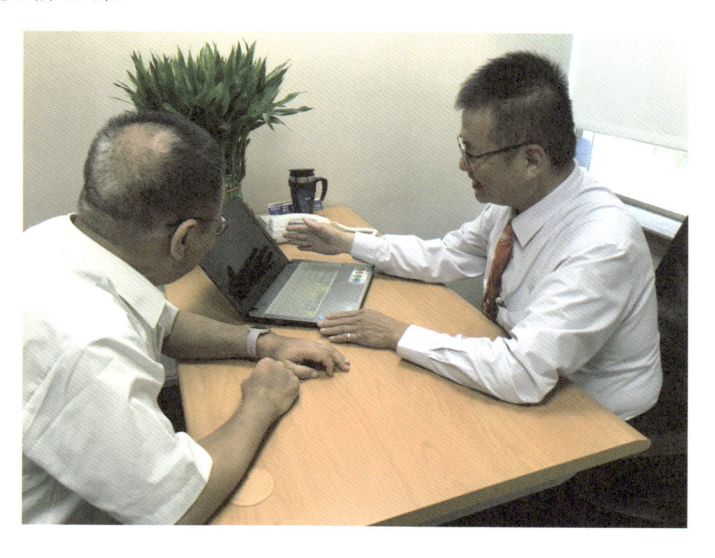

企業主的責任與挑戰：確保企業永續經營與傳承

對於企業主來說，確保企業的永續經營是他們最大的責任之一。企業永續經營中如何確保接班人的安排是至關重要的，接班人一般是企業二代或專業經理人，我們所探討的家族企業通常是由企業二代接班，此時牽涉的問題更為複雜，除了股權的安排，還有家族資產的傳承規劃，如何讓家族成員間感受到公平、合理，在在考驗著企業主的智慧，值得一提的是倘若股權集中給接班人選時如窒礙難行，不妨考慮設立閉鎖性公司，以黃金特別股的機制亦可達到接班人順利運營企業的目的，此外，家族信託也是一種有效的手段，它能夠幫助企業主在傳承過程中更好地保護家族財富，同時確保企業的永續經營。

在我處理的眾多案例中，家庭紛爭是非常常見的問題。這些紛爭的根源，往往來自於上一代對資產的分配缺乏妥善的規劃。許多家庭在進行財產分配時，因為沒有提前做好規劃，導致下一代之間出現了嚴重的矛盾。這樣的情況不僅在家族企業中常見，市井小民間更是屢見不鮮，因為沒有妥善安排財產分配，導致子女之間為了遺產反目成仇，停棺、對簿公堂、兄弟鬩牆等事件經常在社會新聞上演。

因此，我們強調，資產傳承不僅僅是財富的分配，更是情感的維護。提前做好規劃，能夠確保家庭的和諧與財富的延續。

資產管理人人有責,不應設限

總結來說,資產傳承規劃不僅僅是針對高端資產族群,它對每一個家庭來說都是至關重要的。無論是中小資族還是高端資產族群,都應該及早開始考慮如何合理地安排財產,確保在法律的框架內最大限度地保護自己的利益。特別是在面對不確定的未來時,提前做好規劃,不僅能夠減少事業、稅務、財富的風險,還能夠為下一代創造更好的條件。透過與專業人士的合作,每個家庭都可以設計出最適合自己的財產傳承方案,確保家庭和諧與財富的平穩過渡。

Rotary
桃園成功扶輪社 2023 — 2024年度
第1000 次例
感恩餐會
年度頒獎
Rotary
Club of Taoyuan Cheng Kung
桃園成功扶輪社

佈局全球，讓我們助你一臂之力

誠遠管理顧問 黃豐盛

誠遠國際管理顧問有限公司 總經理

【商務經營重點】
◆成立境外公司&投資機構
◆海外銀行開戶規劃
◆成立日本公司
◆日本不動產市場深度分析
◆不動產購買流程
◆稅務規劃與節省
◆簽證攻略指南
◆台日商務通路與投資媒合

【服務項目】
◆境外公司規劃　海外投資規劃
◆工商秘書服務　顧問諮詢服務

近期課程　　LINE@　　FB粉絲團　　　　各種通訊聯繫方式

在競爭激烈的商業世界中，創業者們勇於挑戰自我，為自己的夢想奮鬥。而創業者們一定會遭遇各式各樣的問題與困難，小者可能需重複試錯，浪費時間，大者可能造成整體策略錯誤，危及生存。

誠遠管理顧問公司的願景在於為臺灣的中小企業提供支持和協助，幫助他們克服進入國際市場所需要面臨的各種挑戰，拓展國外市場，實現更大的發展。黃豐盛以自己的專業知識和豐富經驗，致力於為客戶設立境外公司，提供稅務和資金上的諮詢服務，助力他們快速進入國際市場。

別具冒險精神和創業熱情的使命與願景

公司使命：「協助有能力、有意願的企業，成長茁壯，佈局全球」。做為一位富有冒險精神和創業熱情的企業家，黃豐盛在銀行日復一日的企金工作中，看到了許多中小企業創業的故事，產生改變了自身生活型態的想法，萌生了創業的念頭。他創立誠遠管理顧問公司，不僅是為了爭取自己生活的自主，更是為了挑戰自我。

黃豐盛深知，臺灣中小企業在面對國際市場時往往面臨各種挑戰，如文化差異、市場競爭、法律法規、財務稅務等，有些創業者雖然擁有好的產品與服務，卻不知道該如何外銷到國外。因此，他希望透過自己的專業知識和豐富經驗，為這些企業提供支持和協助，幫助他們成功開拓國外市場，實現更大的發展。

為了實現這個目標，黃豐盛在2008年上半年毅然離開了舒適優渥的工作環境，創立了誠遠管理顧問公司，並與會計師朋友進行策略合作，

將目光放在臺灣的中小企業，為他們提供諮詢服務。

作為誠遠管理顧問公司的創辦人，黃豐盛專注於為中小企業設立境外公司，提供稅務和資金上的諮詢服務，幫助他們打入國外經濟市場，使他們能快速地進入國際市場並取得成功。現在的他，正通過誠遠管理顧問公司的努力，助力更多中小企業走向國際舞台。

危機創造轉機，強化抗挫折心智

黃豐盛於2008年創業，但創業之路並不順遂。2008年上半年，全球經濟環境良好，他感覺整個市場氣氛，正是中小企業蓬勃發展的的時機點。於是他看中其中的蓬勃商機，創立了誠遠管理顧問公司，計劃協助中小企業走向國際市場。

然而，2008年下半，金融風暴爆發了，全球經濟陷入困境，許多企業因此放棄創業，市場變得保守與蕭條，客戶對他說：「你這時候來找我，說你要幫我設境外公司，我現在我連台灣母公司都快撐不下去了，我怎麼可能去設境外公司？」，這一突如其來的經濟驟變讓黃豐盛感受到創業的艱辛，在這之後三年，幾乎是憑藉以前的存款來維持生活。2011年，黃豐盛面臨了另一個重大挑戰，即與合夥人之間的意見分歧。當公司撐過寒冬，開始賺錢時，分紅成為了一個爭議點。

黃豐盛主張暫時不分紅，將賺來的錢用於擴張和投資，而合夥人則主張及時分紅。這一分歧導致了公司內部的緊張局勢和不和諧。他也沒想到在那個時間點，大家的觀念相差那麼多。2011年對他而言，是個滿奇特的時間點，他自己更是坦言：「公司終於賺錢，但是沒想到迎

來的卻是分家。」

到現在他已經創業十六年，回首過去遇到的兩個最大的困難，黃豐盛不由得發出感慨：「以現階段來看那兩個困難的話，最難的兩個問題已經過了，現在碰到其他的問題，大概已經沒有什麼能讓他驚慌失措的了。」

互相扶持，中小企業最佳的創業夥伴

說到讓黃豐盛印象深刻的客戶，有一位做貿易公司的C小姐，她擁有良好的外文能力和貿易經驗，但由於個人生活的考慮，決定從大公司跳出來，開始了「一人公司」的創業之路。

這位女性創業者展現了非凡的商業眼光和勇氣。她在面對設立境外公司的問題時，尋求誠遠管理顧問公司的專業建議並採取了決策。創業初期，她向黃豐盛諮詢後，設立了一家境外公司，專注於徽章、胸針、緞帶織帶、鑰匙圈等禮品雜貨類產品的貿易。

值得一提的是，在她創業的過程中，僅憑自身一人，運用自己的外文能力和人脈，成功地在歐美市場參展並接到訂單，然後通過中國大陸的小工廠製造加工。

隨著時間的推移，她不斷擴大業務範圍，從最初的徽章、胸針、織帶、鑰匙圈逐漸擴展到鞋子、衣服等多樣的產品。她的公司營業額不斷增長，甚至進入年營業額上億新台幣的級別。

「這也是我對她印象深刻的原因，」黃豐盛說道：「因為她跟我們公司，大家互相扶持、互相幫助，你看著我成長，我看著你成長，所以我才對她印象很深刻。」

另外，還有一個例子也展現了境外公司在大規模企業發展中的重要作用。這個客戶是一間規模很大的跨國上市櫃公司，從事金屬零部件的開模、沖壓、組裝等業務，年營業額已達到新台幣60多億的級別，通過為該公司提供境外公司的諮詢等服務，誠遠為該公司節省了大量的成本，同時在公司上市櫃前，也協助客戶的大股東和重要幹部們，從事自己投資公司及持有股權的規劃，以便達到公司與個人稅務上的精簡效果，而在合作的過程中展現的專業能力，也讓誠遠從該公司獲得肯定與信任，藉此拓展人脈，獲取良好的商譽。

總的來說，這些個案反映了創業者的勇氣和智慧，以及顧問公司在企業發展中的重要性。通過正確的決策和專業的服務，初始創業者可以實現自己的夢想，而大企業則可以發展壯大自身。

當了老闆學會的事：員工是最寶貴的資產

創業越久，黃豐盛越有一種感觸。在創業初期，老闆扮演著至關重要的角色，他是公司的核心，負責推動整個企業的運作，也必須校長兼撞鐘，扛起許多直接面對客戶或問題的工作。然而，隨著時間的推移，這種單一核心的模式可能會受到挑戰。老闆需要意識到，公司的成長和發展不能完全依賴於個人能力，而是需要一支有凝聚力和執行力的團隊。

老闆有時候會遇到自己能力過於全面，導致事情難以順利進行的情況。他可能會對員工的表現感到不滿，甚至覺得他們的能力無法與自己相提並論。然而隨著公司的發展，老闆需要調整自己的觀念，意識到公司的運作需要依賴團隊的力量，而不是單一個人的能力。

黃豐盛意識到，員工其實是一間公司最為重要的環節，他們的能力和態度直接影響著公司的運作和客戶滿意度。因此，老闆需要重視員工的培訓和發展，讓他們具備專業知識和服務熱忱，提升他們對公司的認同感和忠誠度。老闆要想辦法創造一套系統，將這些專業知識總結出來，培養員工完成客戶需求，提供客戶專業解決方案的能力。

同時，客戶也是公司發展的重要因素之一，他們的滿意度和信任感直接關係到公司的業績和商譽。因此，老闆需要通過建立專業的服務流程和提供優質的產品或服務，來維護客戶的利益，保持客戶的滿意度和忠誠度。

故而，黃豐盛認為，老闆、員工和客戶之間的關係是公司發展的關鍵。只有通過共同努力，建立良好的合作關係，才能實現三贏的局面。

行業洞察和未來展望

黃豐盛認為，未來境外公司的設立和服務需求將持續存在，但如果境外公司的法令越來越嚴格、繳稅的相關規定越來越嚴謹，或者是繳稅的稅率越來越高，使得設立境外公司的誘因跟設立國內公司逐漸趨近，那麼設立國內公司將成為一種替代方案。很多上市櫃公司及很多中小企業創業還是會設立境外公司，只是客戶設立境外公司的速度可

能會趨緩。

雖然境外公司需求稍微減緩，但行業本身不會消失，而是朝向提供更多元的商務服務轉型，如開立商務中心、協助海外開戶、財務帳務協助等。因此，境外公司的行業仍將存在，但會隨著市場需求和法令變化，將會調整。

為了因應或將到來的變化，黃豐盛也在實施公司轉型的計畫，於是他開立一個商務中心，提供租借地址的服務，讓客戶得以更便利的註冊臺灣公司，同時也提供小型的創業空間，或者是出租可用於舉辦活動的場地空間。

不論是剛開始創業設立，需要一間小辦公室的臺灣公司，或者是需要做一些宣傳活動，都可以用誠遠商務中心作為一個創業基地。

跟上時代腳步，轉型創造更多價值

黃豐盛的故事告訴我們，創業之路充滿挑戰，但只要堅持不懈、勇於面對困難，就能攜手克服種種困難、實現成功。透過誠遠管理顧問公司，他不僅協助中小企業解決境外拓展的難題，目前也在不斷調整和轉型中，為客戶提供更多元化的商務服務。

黃豐盛深信，與員工和客戶的密切合作是公司發展的關鍵，而行業的未來展望雖有變化，但挑戰也將是機遇，他將繼續致力於推動公司的成長，與員工攜手迎接未來的挑戰。

境外公司最新現況

簡報大綱
一、境外公司介紹
二、OBU帳戶介紹
三、境外公司之運用
1.有實際經營-貿易用
2.有實際經營-控股用
3.個人理財用
4.特殊用途
四、注意事項

一段堅韌不拔的非凡創業旅程

友黔國際股份有限公司　葉國憲

◆東方饌黔天下貴州主題餐廳創辦人
◆Little One Bar 立陶宛小吧創辦人
◆亞太十大名廚
◆台灣慢食協會理事長
◆清真餐飲輔導顧問

官　網　　　　　粉絲專頁

嗨，我是葉國憲，一位曾經風光無限，也曾經一無所有的餐飲企業家。我的創業歷程充滿了笑聲、淚水和意外，今天，我想與你分享這個充滿風趣、感人和勵志的故事，希望能激勵你勇往直前，追求夢想，無論遇到多少挫折。

我生長在一個軍人家庭，出生於新竹縣新豐鄉，長大後在桃園的傳統眷村社區度過我的少年時光。我畢業於東吳大學經濟系，但我的真正熱愛是美食。從小我就迷戀各種美食，並夢想著能品味世界各地的佳餚美味。

我的創業旅程始於大學時期，在台北天母地區開設了一家知名酒吧。當時，我希望用賺來的錢投資股市，但不幸的是，遇到了國際金融風暴和股市崩盤，我不僅未能實現理想，還背負了沉重的債務。為了還債，我不得不放棄高薪工作，走上了完全不同的道路。

我退伍後進入了五星觀光飯店，從頭開始學習餐飲業的種種技能。然後，我更進一步，進入了一家知名的Fine dining義大利餐廳，學習更多經營之道。經過近7年的努力，我依然無法擺脫債務的困擾。但我沒有灰心，反而決定重新出發，開始我的創業之旅。

以貴州為起點的餐飲冒險

於是，我踏上了貴州的取經之旅，並於2007年回台灣創立了全台第一家貴州主題餐廳。在過去的10多年裡，我不斷前往貴州的各個角落，學習中國獨特的中式料理，並將這些美食呈現給我的顧客。

我的餐廳獲得了許多殊榮,被譽為兩岸十大名店,亞太十大名菜,並被Lonely Planet選為台北最佳中式餐廳。我甚至有幸前往總統府獻廚藝,並被選為亞太十大名廚。

我一共創建了5個不同的餐飲品牌,雖然並非每個都取得成功,但這些挫折並沒有打消我追求卓越的熱情。然而,正當我準備擴大我的清真餐飲事業時,突如其來的新冠疫情改變了一切。我創建的兩個清真餐飲品牌受到沉重的打擊,不得不退出市場,這也導致龐大的債務。

創業路再次充滿了困難,但我不屈不撓。由於餐飲業人力嚴重不足,我決定將我的貴州菜餐廳轉型為半私廚型態,提供更高品質的服務,在疫情中於餐廳旁的十連棟歷史建築中開設小而美的Little-One Bar立陶宛小吧,每週末在餐廳營業時間後由大廚變身為調酒師,歡迎大家一起來體驗市場上少見的立陶宛酒及認識立陶宛商機,並分享彼此的人生故事,迎接創業人生的下半場!這讓我的餐廳逐漸穩固了腳步,為創業生涯的下半場做好了準備。

挑戰，只會讓我越挫越勇

然而，2023年年底，我遭遇了一場火災，我的手臂嚴重受傷。儘管面臨著身體和財務的雙重困難，但我並沒有放棄。經過了艱苦的康復治療，我回到了餐飲戰場，並創造了一個全新的品牌——"臘個男人"，生產手工無添加煙燻臘肉，成為農曆春節前的熱門伴手禮。這個經歷讓我更加堅定，相信無論發生什麼，只要心存熱情和毅力，我們都能克服困難，再次嶄露頭角。

除了創業，我一直積極參與商業和公益社團，與不同產業專業人士交流學習，並為社會作出貢獻。我曾擔任台北亞聯扶輪社社長，參與國內外的服務計劃，改善了許多人的生活。最近，我還接任台灣慢食協會理事長，致力於推廣慢食主義，並幫助企業實踐ESG計劃，希望能讓台灣在國際舞台上更加閃耀。

我的最大心願是讓台灣的慢食成就被國際社會看到，同時也希望我的創業故事能鼓勵年輕人，不要害怕冒險，勇敢追尋自己的夢想。生活充滿挑戰，但只要堅持不懈，我們都可以創造屬於自己的成功故事。希望我的經驗能成為你前行的動力！

M0820
2020第十屆
中華美食文化國際交流論壇
亞太十大名廚
葉國憲
友黔國際股份有限公司/總經理
從業逾25年，經歷TGI Friday's美式餐廳調酒師
@Live酒吧主管，華泰王子飯店西餐主管，
紅利義式餐廳營運總監。
2007赴中國貴州學習黔菜，
創立台灣第一間貴州主題餐廳。

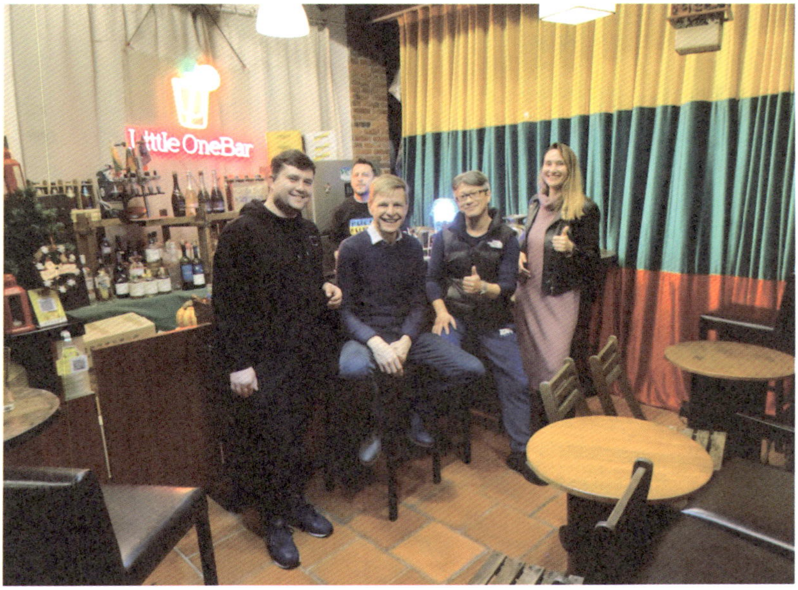
Little OneBar

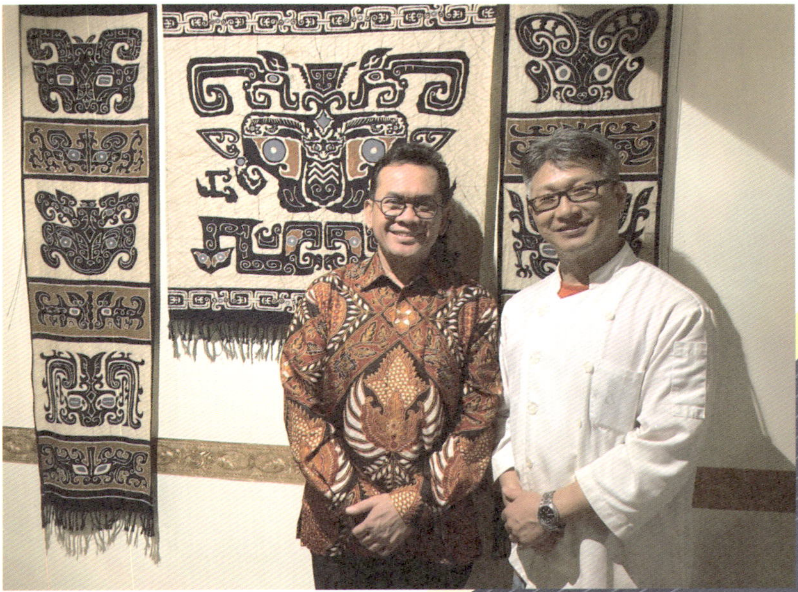

一份初心打造回饋社會的事業
中華亞太健康空間管理協會　彭思萱

中華亞太健康空間管理協會 (esghealthy.org)
一頁官網
https://muchneat.com/
我的商家
https://g.page/much-neat
Youtube頻道
https://www.youtube.com/channel/UC56T_jRh6uVQaehN_LDLL3g

15歲進入護專學習，提早面對生、老、病、死議題，這段早熟的經歷讓我更珍惜家人的相處時光，感激擁有的一切。感恩與珍惜驅使我在職務上爬升，努力不放過任何證明自己能力的機會，同時期望為家人帶來榮耀。曾是一線醫療護理人員，也擁有美國職業護士資格，為了與家人共度時間而離開職場，數年後希望重返職場，才發現自己失去了容身之地。

回顧當時，我帶著30出頭的年紀，面試了20多家公司都無法得到回應。終於，在一次面試中，我領悟到，即便我以為自己重新出發，環境卻早已將我定位為2度就業的中年婦女。

幸運的是，當時台灣坐月子專家廣和月子餐願意給我機會，公司的長官和公司鼓勵我，希望我能以自身經驗和醫療背景，將坐月子的正確觀念分享給孕婦，讓更多人重視坐月子的重要性。感恩貴人給機會，跟自己的不放棄，這段經歷讓我重新找回人生的自主權。

在月子餐領域服務了近10年，透過不斷的學習，不僅增進了業務能力、溝通技巧、換位思考同理心，更棒的是能和健康生態圈的不同行業做異業合作，認識了許多可以互相串聯和延伸服務的行業，例如：奶粉公司、臍帶血公司、月嫂媬母培訓單位等。

尤其是培訓單位，我有機會認識了很多優質的專業人士，也讓信任我的、想要好好坐月子的孕產婦提供了更多加值的服務。當孩子成長和業務穩定的同時，我卻發現曾是我的戰鬥夥伴們已漸漸年長，在競爭激烈的少子化市場中漸漸失去競爭力。

長輩的經驗傳承是無價之寶

我在短時間創立了MUCH NEAT清潔公司，當時的起心動念只有一個，就是要協助這群中高齡族群，讓他們的寶貴經驗再次受到重視，同時延展他們的職涯壽命，就像當時月子餐長官給我發揮長才的機會一樣。雖然一路上遇到了很多困難，但我相信清潔服務的入門技巧低、創業的資金不用高，且清潔服務本身也是月嫂娒母的服務內容中的例行工作，如此可以迅速轉型，但讓體力無法再持續24小時工作的她們，工時短了很多，但一樣有服務客戶的成就感。

這個理念吸引了生態圈裡很多的優秀專業人士，但隨著公司口碑和客戶需求增加，我們必需要擴大招募。然而，由於雙方的不信任和不熟悉，也因為沒有相關的官方證照佐證，我們無法立即驗證工作能力。

為了保障公司服務理念及對客人的承諾，我們只能調整公司6年累積的實戰經驗，將內部新進員工的教育訓練手冊轉換成對外的培訓人才的課程，課程中除了分享多樣式清潔工具的使用場景、如何用有邏輯思考的方式分析清潔流程、也分享如何有效益的開發陌生客戶、有效提高轉單率、做好長期客戶經營……等等相關業務課程

也因為每一次的清潔服務，都是不同的服務場景，為了讓學員更有臨場感，在課堂中，我們是在真實客戶家做示範教學，課程結束後也提供一次有師父帶領的實作機會，相信在相對有系統的課程學習後服務客戶，可以增加服務效率，也可以增加客戶口碑。但是，我們堅持使用者付費，協會透過付費課程篩選真心願意學習且具潛力的人才。

透過自媒體推動技能升級

儘管這個理念充滿美好，實際發現清潔服務人員不太願意花時間、費用接受課程認證。他們可能擁有多年的打掃經驗，並且客戶對他們的表現非常滿意；也可能她們本身就忽視職能的重要性，反而覺得本能就很夠用了。

為了解決這個問題，我們透過YOUTUBE、社群媒體推廣課程和學員口碑分享，讓更多有心的清潔服務人員體驗到透過學習，他們可以更有差異化的服務，不僅使用正確的工具和清潔產品，提高工作效率，還有機會保護身體免受職業傷害，更能延長客戶端家具的使用年限，一舉多得。一路上協助清潔同事規劃事業藍圖的同時，我意識到經驗豐富的中高齡族群需要更多的支援跟資源。這促使我創立了中華亞太健康空間管理協會，致力於培訓人才，分享健康管理、空間管理等多元課程。

透過落地的實作經驗，我們期待培養更多有潛力的人才。顧客終也認同，若清潔服務人員更能夠有效地使用工具、善用清潔產品，才是真的將費用花在刀口上，同時也讓自己也能享受到更高水準的服務。

下一步，回饋社會共創未來

MUCH NEAT清潔公司的成功和中華亞太健康空間管理協會的成立都源於我對人健康管理和環境保護的熱忱。舉例來說，在現代社會，人們面臨著工作壓力大、睡眠品質差的問題。據統計，全台灣有500萬人年吃9億顆的安眠藥，市場總值超過450億。我們意識到睡眠品質對於工作效率、情緒穩定、人際關係等方面的影響甚巨，這也是協會再再

重視管理居住環境健康的重要性。需透過生活環境的清潔、空間雜物的斷捨離，甚至頭部的釋放壓力手技來舒緩壓力，無形中能增加睡眠品質，還促使思緒清晰、心情愉悅。

這就是中華亞太健康空間管理協會的使命，最終打造一個友善平台，讓會員和學員擁有專業知識技能、透過平台派案貢獻自己的專長，希望透過這樣的體驗式服務，讓更多人感受到健康與環境之間的密切關係。

我很感激找到了一群志同道合的會員夥伴，我們深信「健康的環境」不應該只是販賣健康食品或環境清潔產品，更在於透過講座學習分享、體驗式服務，將正確實用的觀念傳達給更多的民眾。也期待協會在不久的將來能擁有自己專屬的培訓教室，培養更多的中階健康管理人才種子，增加管理知識和經驗的傳承，強化平台品牌，成為用戶的首選，也期待平台不僅為中高齡族群提供就業機會，也為年輕人提供學習和發展的機會。

當然，也要不斷提升我們的服務水平。通過分析客戶反饋和市場趨勢，透過整合大數據與科技產品不斷調整經營的策略，以確保中華亞太健康空間管理協會能夠在快速變化的環境中保持競爭力。持續成為推動健康空間管理的領航者，讓更多人受惠於這個理念。

回顧我重新尋找自己定位的歷程，我認識了許多在基層職域努力工作的平凡人物。我從他們身上看到滿懷熱誠，但由於專業知識不足或溝通技能落差而受到忽視，逐漸失去自信。

我深信每個人都有自己的使命，期待能幫助更多人找到適合自己的位置，發揮他們的長才，重拾自信。

最終，中華亞太健康空間管理協會現在已積極參與產業合作與國際交流，以擴大我們的視野並融合最新的健康管理技術和理念。透過不斷創新，我們尋求在亞太地區舞台上發揮更大的影響力，為促進健康事業提供一份心力。

協會願景：建立大型平台，整合大數據與
高科技，永續發展教育事業。

你曾經在工作中付出努力，卻未得到長官的認同嗎？
或者，你努力奮鬥，卻仍無法在現實社會中被接納？
又或者，你曾試圖清楚表達自己理念，
但雙方總是難以溝通，最終只能放棄嗎？

我們都曾是別人的天，為了自己所愛，無私奉獻時間跟精力。
一直到他們獨立成就，我們才發現：時間讓我們失去了自己。

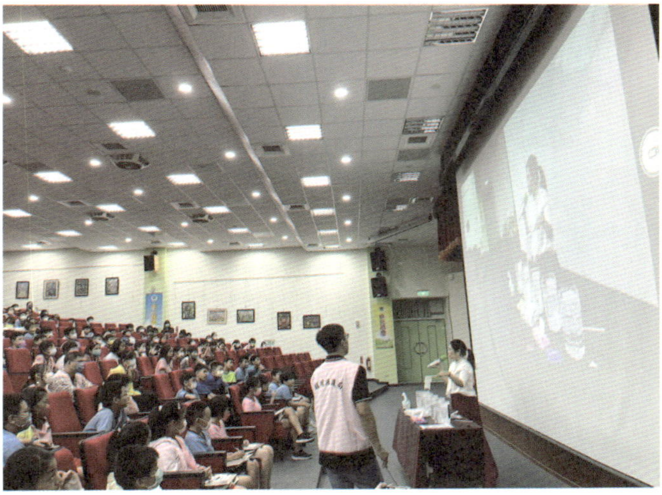

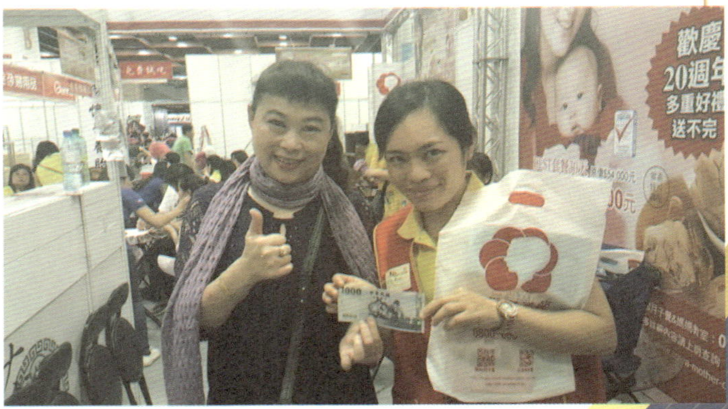
歡慶
20週年
多重好禮
送不完

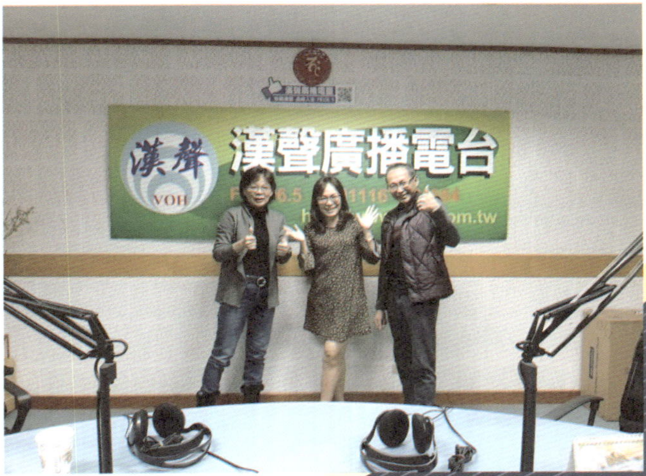
漢聲
VOH
漢聲廣播電台

為名為利，陀螺一生

黃文華

- ◆1983年空軍航空技術學院土木系畢業
- ◆1984年空軍總部負責眷村重建工作
- ◆1993年國防部軍眷住宅合作社工程師
- ◆1993年中國文化大學監工主任班結業
- ◆1994年中原大學工地主任班結業

- ◆2001年創立富爸爸聯誼會
- ◆2004年永泰地產事業(股)公司董事長
- ◆2012年國際獅子會300G2區吉祥會長
- ◆2014年國際獅子會300G2區分區主席
- ◆2015年中華慈光文教慈善協會理事長
- ◆2017年富爸爸國際教育發展協會理事長
- ◆2017至今 現為中華慈光文教慈善協會 終身志工

在我的人生旅途中,「為名為利,陀螺一生」曾是我不願回首卻難以忘懷的記憶。父母從浙江大陳島隨著眾多同胞逃離戰亂,來到台灣尋求新生。我們一家在宜蘭礁溪的新村落腳,生活雖然貧苦,但家中滿溢的是對未來的期盼與夢想。

我的童年記憶裡,家中總是物資匱乏,但兄姊的學業成就卻是我們的驕傲。相比之下,我對學業的興趣遠不及他們,最終選擇進入軍校,以為這樣可以為家庭減輕負擔,也為自己尋找一條出路。

軍校畢業後,我被分配到新竹的工程聯隊,每天與時間賽跑,從事勞累的工程監工。那段日子,我經常問自己,何時才能為家庭還清債務,何時才能讓父母過上好日子。每當夜深人靜,我會對著天花板發誓,必須成為一個有錢人,不再讓家人受苦。

為了實現這個目標,我開始投身各種兼職,從開設小吃店到賣手表,甚至成為泊車小弟。每一次嘗試,都是對自我極限的挑戰,也是對未來的渴望。直到一次偶然的機會,我進入了房地產業,那一刻,我仿佛看到了通往夢想的門扉被輕輕推開。

在房地產業的日子裡,我如饑似渴地學習,迅速成為公司的骨幹。每一次成功的交易,不僅為我帶來了豐厚的收入,更重要的是,讓我看到了為家庭還清債務的希望。但隨著財富的增加,我的心也漸漸變得膨脹,開始追求更多的名和利,生活在不停旋轉的陀螺中,忘記了最初的夢想和追求。

如今回首過去，我才深刻體會到，名利雖然誘人，但追逐它們的過程中所付出的代價，是我當初難以想像的。那段「為名為利，陀螺一生」的日子，讓我明白了真正的幸福和成功，不是來自於外界的認可和物質的擁有，而是來自於內心的平靜和對生活的熱愛。

求道悟道，翻轉人生

在我人生的旅途中，有一段時間，我如同許多人一樣，追求物質和名利的滿足。我曾經是一個事業有成、財富累積迅速的人。但是，就在我似乎擁有了一切的時候，生命中發生了一件改變一切的事情。那是一位師姐的出現，她告訴我，我的人生即將面臨巨大的挑戰和困難。雖然當時我並不相信她的話，但很快，我就親身經歷了她所預言的一切。我的事業遇到了危機，我感到了前所未有的絕望和無助。

在我人生最低谷的時候，我回想起那位師姐的話，決定尋求她的幫助。透過她的引導，我開始了我的修道之旅。我參加了一場法會，那是一次深刻的靈性體驗，我感受到了從未有過的心靈震撼。法會中的每一個環節，每一句訓語，都深深觸動了我的心靈。我開始真誠地懺悔過去的錯誤，學習感恩每一個給予我教誨和幫助的人。

從那時起，我的人生發生了翻天覆地的變化。我學會了放下物質的追求，開始追尋心靈的富足。我學習了真誠懺悔、無條件的感恩，並且開始實踐清口茹素，將我的生活方式轉變為更加純淨和諧的狀態。更重要的是，我開始積極參與社區和慈善活動，將我曾經追求的物質財富轉化為對社會的貢獻。

透過修道，我找到了內心的平靜和滿足，我體會到了真正的幸福是來自於內心的豐富和靈魂的成長。這段旅程讓我明白，真正的成功不是測量財富和地位的高低，而是測量我們如何對待自己、他人以及這個世界的方式。

我感謝那位師姐的出現，她不僅是我的引導者，更是我人生路上的貴人。她的出現，讓我有機會反思自己的生命，從而找到了真正的自我，學會了如何活得更有意義。我希望通過分享我的經歷，能夠啟發更多人去尋找自己生命的真諦，實現內心的平靜和滿足。

慈入你家，光照我家

在這一章節中，我將分享我的求道過程，以及它如何深刻地改變了我的人生。我的轉變始於一段充滿困惑和無助的時期。當時我在職業和個人生活中遭遇重大挑戰，感到前所未有的迷茫。正當我最需要幫助時，我遇到了一位引保師，她的出現如同一束光照進我暗淡的生活。

我參加了一個在新莊「至儒佛堂」舉辦的進修班。那是一次轉變生命的體驗。在這個進修班中，我不僅學到了佛法的教導，更重要的是，我學會了如何將這些教導應用於日常生活中，如何在面對困難時保持正念和平靜。這次經歷讓我正式成為了慈光家族的一員，開啟了我修行的旅程。

進修班期間，關帝聖君的訓文對我影響深遠，「君子憂道不憂貧，小人憂己為金銀」，這句話讓我深刻反思過去十多年來的追求。我開始問自己，這些年來我追求的是什麼？名利、財富還是家庭的幸福？我

意識到，我忽略了尋找一條真正屬於自己的道路，一條能讓我內心真正平靜和滿足的道路。

這次的求道經歷，不僅是一次外在的學習，更是一次內心的覺醒。我學會了放下執著，學會了感恩和慈悲，這一切的改變都是因為我找到了我的信心之道。透過這段旅程，我明白了生活的真諦不在於物質的擁有，而在於心靈的豐富和生命的意義。

如今，當我回顧過去，我感激每一個讓我成長的挑戰，每一個幫助我找到方向的人。我相信，每個人的生命中都有一條屬於自己的道路，而求道的旅程，就是尋找並走上這條道路的過程。我期待未來能夠繼續在這條道路上前行，將我所學所悟分享給更多人，讓更多的光照進每個人的心裡。

跨國救災，世界一家

在2015年，尼泊爾遭受了一場毀滅性的大地震，造成了無數人的死亡和重大的災情。面對如此慘重的災難，中華慈光文教慈善協會發起了一場公益慈善募款餐會，號召各界伸出援手，共同支持「攜手同心・重建尼泊爾家園」的願景。這次活動的募款，扣除必要的餐費與行政開支後，全部用於支持尼泊爾偏遠村落的教育重建工程計畫，旨在為災後的兒童提供基礎教育資源。

尼泊爾的人民生活情況讓人心酸，國民年均所得僅約美金750元，居全球倒數第20位。大地震不僅加劇了貧富差距，更讓許多孩童失去了學習的機會，經濟更是雪上加霜。

面對這樣的災難，我們可以做的，是提供最基本也最重要的支持——教育。教育不僅能為這些孩童帶來知識，更是給予他們改變命運的機會，讓她們有能力改變自己和家庭的未來。

這場跨國的救援行動，不僅是對尼泊爾災後重建的支持，更是一次人類共同體意識的體現。我們不只是在重建一個國家的家園，更是在培育未來的希望，讓世界成為一個大家庭，共同面對挑戰，分享愛。

點亮心燈，千里傳愛

在我的人生旅途中，我曾經親身參與尼泊爾大地震的救援工作，讓我對於愛與慈悲有了更深刻的理解。面對災難，我深刻體會到人與人之間的連結，以及我們共同擁有的人性光輝。

在尼泊爾重建家園公益慈善募款餐會過程中，我學會了「愛無國界‧築夢起飛」的真諦。我們的愛與關懷，即便是微小的捐助，也能在他們最需要的時候發揮巨大的力量。這次活動讓我體會到，當我們心中點亮愛的火種，這份光亮就能照亮千里之外的他人。

更重要的是，這些經歷讓我認識到，真正的慈悲不僅僅是物質上的幫助，更是心靈上的支持。在幫助他人的同時，我們自己的心靈也得到了淨化與提升。我深信，只要我們持續傳遞愛與慈悲，無論距離有多遠，我們都能成為世界一家。

透過這些救災活動，我學會了把握每一次點亮心燈、傳遞愛的機會。未來，我將繼續以行動證明愛的力量，無論面對什麼挑戰，我都將堅

持用愛來回應，讓這份溫暖和光明繼續在世界各地傳遞。

慈光普照，心燈常明

在這本書的旅途結束時，我深刻體會到「善有善報，惡有惡報，不是不報，時候未到」的真理。從追逐名利的狂旋，到求道悟道的覺醒；從家庭的和諧光照，到跨國救災的世界大愛；再到點亮心燈，千里傳愛的行動中，我學會了生命的真諦不僅僅在於物質的累積，更在於心靈的成長和擴張。

在未來的日子裡，我將繼續攜手每一位有心人，用我們的行動和愛，照亮更多人的心靈，讓愛的力量無遠弗屆。

點亮心燈千里傳愛

2024龍潭區身心靈健康公益講座
婦幼館簡報藝廳

愛無國界 築夢起飛

從農場到餐桌上的大小「豬」事
陞輝食品 曾俊凱

FACEBOOK　　　　官方網站

陞輝食品-豬肉的專門家
1. 國家級認證之食品技師
2. 經濟部中小企業財務管理顧問師
3. 最懂豬肉知識推廣的分切師
4. 雲林區BNI雲榮分會創會主席

https://reurl.cc/Yjqq0l

我所服務的陞輝食品位於這條產業鍊的中間位置（屠宰場→分切場），由豬農每日提供健康且符合產銷檢驗的資格豬隻，送進我們的屠宰分切場，經由一連串符合衛生法規的SOP流程，將屠體、部位肉依據不同的銷售管道，送到消費者的餐桌上。並進行一連串符合衛生法規的SOP流程的關鍵步驟。每日，我們依賴豬農提供健康且符合產銷檢驗資格的豬隻，以確保從源頭開始的食品安全。

在屠宰分切場，我們注重符合嚴格的衛生法規標準。透過SOP流程，屠宰的過程得到精密管理，確保屠體處理的衛生安全性。這不僅包括對屠宰過程中的衛生措施的嚴格執行，還包括了屠宰後的部位分切工序。每一步驟都是經過深思熟慮和嚴格執行的，以確保我們所提供的肉品不僅符合標準，還能夠提供給消費者高品質的產品。

我們的目標是確保從產地到餐桌的整個供應鏈都充滿信心。這涉及到對原材料的嚴格挑選，對生產流程的嚴密控制，以及對最終產品的高品質要求。這不僅是對產品的承諾，更是對消費者信任的回饋。

空降部隊接班

我是曾俊凱，東吳大學國貿系畢業，曾赴日本深造的歷程中，突遇一場緊急的家庭變故，一通緊急的深夜來電，「你必須立即返回接班……」，從雲端被一踹而下跟自主頓悟返鄉的覺青，有著天差地遠的迥異。然而，人生本就是一齣線性荒唐的集大成，豈不正是如此？即便被同學笑稱「殺豬、賣豬肉而已，何必念到大學還出國深造？」不服輸的性格，驅策著我不斷的向前邁進，一步又一步地突破自己的舒適圈，我相信蹲得越低，反彈的力量越強大！

嚴格算起，最早從曾祖父輩就開始沿街騎著腳踏車販賣豬肉，一直到我父親的手頭上開始有了批發經營的規模；父親常說當初豬隻屠體評鑑手冊、現代屠宰場的設計規劃，都是教授學者跟他請益一同規劃的成果，台灣出口外銷豬肉到日本，最輝煌、最美好的歲月都在1997年口蹄疫爆發那年被徹底改寫。

如今，我面對家族事業，感受到前人的努力與汗水。即便經歷過風雨歷程，我深信，每次的挫折都是成長的契機。我將秉持著家族的堅持與創新，延續豬肉事業的熱情，再創新的一頁。這不僅是對曾祖父、父親的承諾，更是對自己的期許。在這條線性的人生荒唐之路上，我將以更加堅定的步伐，走向未知的明天。

食品安全的注重

近年來，台灣食品安全意識不斷抬頭，2024年6月臺灣向世界動物衛生組織（WOAH）正式提出申請，希望我國能被認定為「豬瘟非疫區」。這項申請的背後，是對撲滅豬瘟的堅定目標，而如果一切順利，我們最快可在2025年獲得WOAH的認可，成為豬瘟非疫國。

這項申請的成功將帶來多方面的利好。首先，對養豬場而言，不僅可減少人力成本，更能節省購置豬瘟疫苗的費用。同時，這也意味著能夠降低因施打疫苗而導致的緊迫感及副作用所帶來的損失。這樣的轉變將有效降低豬隻的飼養成本，大幅提升我國豬隻及豬肉產品的國際競爭力。

除了經濟效益，這一舉措還將對我國的動物衛生水準產生積極影響。

成功成為豬瘟非疫國,將進一步提升我國在全球的動物衛生評價,有助於擴大台灣豬肉的外銷市場。這將不僅是對我們養豬業者的鼓舞,也是對整體國家形象的提升。

然而,與台灣相鄰的中國大陸卻面臨非洲豬瘟的威脅。這使得台灣的豬肉產業面臨著巨大的挑戰,隨時可能受到波及。在這樣的大環境下,唯有建立穩健的生產管理體系、實施嚴密的食品安全計畫,我們才能夠更有力地應對這一系列的重大考驗。

為了確保我國能夠成功躲過這場風暴,我們需要加強監控養豬環節,提高豬隻的健康標準,以預防疾病的蔓延。同時,應建立完善的防疫體系,即時掌握可能的疫情爆發,迅速採取應對措施。這不僅需要政府的支持,更需要養豬業者的積極參與,共同守護我們的豬肉產業。

在這波動不安的時刻,我們不能只停留在面對危機的階段,更應該思考如何建立更具抗逆性的養豬體系。這包括提高生產效率、降低疫病風險、開發更為安全的飼料及飼養環境等方面。這樣的改革將使得我們的養豬業更具韌性,能夠更好地應對各種可能的未來挑戰。

危機等於轉機

考慮到現行狀況,為了提升公司在食品安全監控層面的水準,我深刻認識到自身的責任,因此投身食品技師的專業領域,以確保在我可掌控的範疇內實現改變。在企業的二代接班過程中,我們常常面臨著兩大難題:父母不願完全授權和資金、資源的不足。然而,改變的方式並非必須風起雲湧、大刀闊斧;就如同滴水穿石,透過持續不斷的溫

和推動，同樣能夠取得一定的效果。

我的目標是透過這份努力，使公司更有競爭力，能夠在面對產業環境的變動和挑戰時站穩腳跟，並向顧客提供更優質、更安全的產品。為了實現這個目標，我專注於食品安全監控，進一步提升公司的品質管理體系。這不僅是對公司的自我要求，更是對消費者負責的體現。

我深知，二代接班者面臨著承擔家族事業的巨大責任，而這不僅僅是一份工作，更是一個使命。在這個過程中，我努力解決父母不願完全授權的問題，透過溝通和建立互信，逐漸取得更多決策權，使公司經營更具靈活性。

同時，資金和資源的不足是企業發展過程中的一大挑戰。為此，我們採取踏實的策略，不求一時的風光，而是堅持滴水穿石的原則，持續進行改進和優化。這種溫和而持久的努力，正是為了確保公司在長期發展中更具競爭力。

這份改變並非只是為了公司自身的利益，更是為了回應市場和消費者對食品安全的不斷提升的期望。透過技術的不斷創新和管理的精進，我們力求提供更安全、更可靠的產品，以滿足消費者對品質的嚴格要求。

未來願景

每個產業都有他辛苦的一面，這箇中的滋味如人飲水，我一直以提升「員工素質和福利」為經營公司的決策方針之一，這樣的思維不一定能使公司最大獲利，但是基於公司對於社會的價值，我相信這一定是正面良善的啟發，相信這樣的用心和堅持，能夠吸引更優秀的人才返鄉，進而達到我的理想願景。

「以雲林為根基，南北擴大市場版圖，進而走出台灣，與世界接軌。」我們對未來充滿信心。除了在雲林建立堅實的根基外，我們計畫擴大市場版圖，南北聯動，與世界接軌。這不僅是一個商業目標，更是我對家族事業的承諾，希望能夠為更多消費者帶來健康、美味、安全的食品。

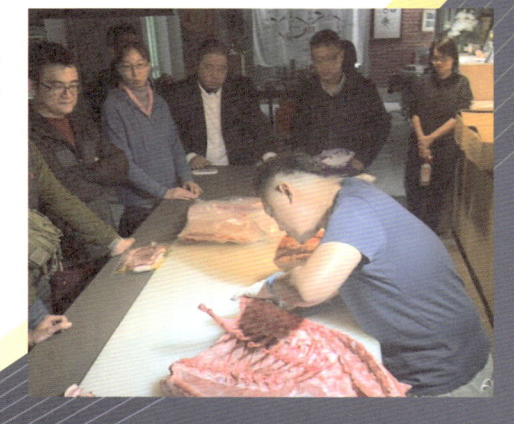

一顆水餃的感動・開啟香椿達人之路
嫩馨農場 劉信賢

農場全名：嫩馨農場
農場主人：劉信賢
連絡電話：市內（03）5960069
手機：0910148996
地址：新竹縣竹東鎮上館里生產街19號

我家世代務農，居住在竹東山谷已有近百年。生活雖然困苦，但我們堅守這片土地。然而，長期使用農藥，導致土地遭到嚴重污染，甚至影響了全家人的健康。這時，我深刻體會到機蔬菜和水果的珍貴。

多年來，我致力於天然養生與健康推廣，但在中年時卻遭遇失業危機。一次偶然的機會，我品嚐了羅師姐製作的香椿水餃，這一顆水餃深深打動了我，改變了我的一生。從那時起，我開始專研香椿，了解到它不僅是蔬菜之王，還承載著中華傳統文化的孝親之道，「椿萱並茂」中的香椿樹象徵著父親，而萱草花則代表母親。

於是，我決定以餃子作為開啟香椿美食之路的起點。

香椿夢的起步與挑戰

在新竹，我拜師羅師姐，學習香椿料理的製作，並開始實現我的夢想。然而，有次意外從高聳的香椿樹上摔落，差點掉下懸崖，雖然保住了性命，但腿部卻嚴重骨折。父親心疼我的遭遇，便將經營多年的橘子園清除，讓我種植香椿樹，以追求我的香椿夢。

如今，我擁有1500株香椿樹，堅持自然農法種植。父親的支持和愛護，讓我研發出多樣香椿美食，如香椿醬、香椿水餃、香椿抓餅、香椿包子、香椿乾拌麵等。隨著命運的安排，在學者、專家和教授的指導與支持下，我也陸續研發出具高經濟效益的產品，如香椿茶包、香椿膠囊、香椿酵素飲等。

十多年來，我不斷接受挑戰，突破困境，獲得許多愛用者的喜愛與感謝，許多見證也顯示出香椿對健康的益處。這些都讓我更加堅定追求健康生活的理念。大家對香椿美食的喜愛，以及香椿保健的推廣，是我繼續前行的最大動力與鼓勵。我愛香椿、我愛本草、我愛瀧·瀧部落、我愛大地、我愛你們！

祖先的足跡與生態的復甦

我的爺爺在年輕時種植了一大片蓮霧樹，養了幾頭牛和許多隻豬，以及土雞，這些都是他年輕時的謀生之道，也是我們家的經濟來源。

我的爸爸從小就負責放牛吃草，長大成家後，他出外打工，媽媽則協助爺爺照顧蓮霧樹並種植一些蔬菜，收穫後挑到鎮上賣。他們所做的一切，都是為了生存下來，並將我們養大成人。至今農場還留下了三顆活了80年的蓮霧樹。每當看到這些樹木，我總是感念爺爺、爸爸和媽媽的辛勞，在這個山谷裡，我們三代同堂共居。

80年來，爺爺和爸爸都使用農藥、化學肥料和除草劑來耕作果園，導致土地上寸草不生，更不用說有其他生物種群或穿山甲的洞了。這些化學品對大地的傷害實在太大了。在我29歲那年，我身上出現了淋巴腫瘤，治療的經歷讓我深刻體會到有機蔬菜的可貴，並決心保護這片土地。

20年前，我開始栽種香椿樹，並堅持使用天然無毒無害的方法進行管理。這20年來，香椿園取得了有機認證和陸域棲地保育的成功，這一切讓我感到當初的決定與堅持是正確的。

香椿園的生態奇蹟等你同心傳遞

如今，香椿園裡大地回春，充滿了生機。有大蚯蚓、老鷹和其他鳥蟲類聚集在香椿園裡，也有許多野生動物如穿山甲、野兔、貓頭鷹、山羌等，在夜間來訪，這一切都讓我感到無比的欣喜。

當您聽完了香椿的好處及價值後，是否感到一絲感動？是否願意和我一起將香椿的美好傳承下去，弘揚這具有歷史文化的「父親樹」？讓我們用善的力量，散播這份福音，溫暖人心。

歷經百年蛻變而生的靈地
瀧‧瀧部落
Long Tribe
身心靈共學共生最佳場域

WELCOME
瀧‧瀧部落
Long Tribe
嫩馨農場

《椿萱並茂》
劉君信賢,種椿達人;有機輔員,全台首屆。
事親至孝,椿萱並植;感念父母,山高海深。
九如寫於台灣新竹 2020.05.10 母親節
　　馨香椿葉嫩,種樹貴劬勞;
　　忘憂萱花燦,摘食趁萼苞。
　　慈恩深似海,父愛比山高;
　　祿壽椿庭滿,萱堂喜樂陶。

(嫩饗農場場長劉信賢先生,提供親栽椿萱並植照片)

古代香椿樹
常常被視為長壽
的象徵
典故源於莊子
《逍遙遊》

認識香椿樹

歷經百年蛻變而生的靈地
身心靈共學共生最佳場域

起起伏伏又跌跌撞撞的攝影之路
趙蘊嫻 / 趙攝

看更多作品請上網
https://chaosvision.mystrikingly.com/

婚紗世界開啟了我的攝影師歷旅程

我從高中開始喜歡上攝影，並在大學時擔任攝影社的社長。由於我喜歡拍攝人像，成為一名專業人像攝影師似乎是一個必然的結果。當然，在成為專業攝影師之前，我經歷了一個過程，那就是當婚紗公司的攝影助理。

回想起當時擔任助理的經歷，真的很有趣。當時自告奮勇地應徵到蔡榮豐學長的攝影公司，當時我並不知道他們是否需要人手，但很幸運我還是得到了這份工作。進入攝影公司後，開始擔任攝影助理的工作。每天掃地、整理攝影棚、架相機、架燈光…。那時老闆經常拍攝當紅的影視界人物，這也大大的擴展了我的視野。

大約一年多的時間過去，同學曹光燦找我拍結婚照，這也成為我晉升為攝影師的契機。從那時起，攝影與我就緊密相連了。從高中開始愛上攝影，到大學擔任攝影社社長，經過養成教育的助理訓練，最後晉升為專業人像攝影師。這個過程充滿了學習、成長和機遇，讓我更深入地瞭解人像攝影並將自己的才能結合起來。

30多歲時婚紗市場在台灣開始蓬勃發展，公司也逐漸由工作室轉型成為具規模的婚紗攝影公司。成立了造型部和禮服部，員工人數逐漸增加。在台灣、香港和桂林都設立了分公司。這段時間正值婚紗攝影的全盛時期，除了休假幾乎都在拍照，有時還需要前往新竹或高雄支援工作。因為忙碌，常常被門市主管請求調假，因為需要為客人拍攝婚紗照。我也從攝影師晉升為攝影部主任，再到攝影部經理。這時期攝影從底片轉為數位。

到上海工作，又邁向創業的轉折

有個機會讓我到上海工作，在一家新的婚紗攝影公司開始從無到有的建立。我擔任攝影部的領導，從拍攝樣本開始。這時我覺得自己有能力去規劃和承擔成功或失敗的結果。兩年後，因媽媽身體出現問題，我便毅然決然回台照顧。

回到台灣後，我在原公司工作了一段時間，但在適應上遇到了一些問題。這時，一位在新竹的朋友介紹了一個人事主管的工作機會。為了家計，我決定前往新竹從事這份非攝影相關的工作。一年後，我決定辭職回到台北。然後在2010年，我下定決心自己創業。

其實，我一直覺得自己不適合創業，因為我家中是唯一的經濟支柱，穩定的收入對我來說非常重要。另外，考慮到我的個性，依我這種謹慎、溫和的個性，創業可能會很困難。然而，年紀已長，找工作也變得不容易，最終我決定自己創業。當時我已50歲了！

在思考主要的服務項目時，我想了很久，最終決定主攻到府服務的全家福攝影。原因是，首先，我非常喜歡拍攝全家福，可能是因為我家庭成員不多，所以喜歡拍攝大家庭幸福的影像。其次，以前大多在攝影棚拍全家福，但我更喜歡到家裡拍攝有溫度、有故事性的全家福照片，也可以拍攝一些外景。我上網查，也沒有如此的服務，對此，我用心設計了完整的標準作業程序（SOP），包括流程、勘景、溝通等。我對這個方案非常滿意。在這個時候，我也加入了商務組織BNI。

柳暗花明又一村

初開始經營到府服務的全家福攝影，靠著網路、同學和BNI會員的支持，也獲得了不少客戶與好口碑，但在與客戶的洽談中，常常遇到長輩不同的意見、兄弟姊妹間的不合作，甚至有關於款項負擔的問題等等，導致無法順利進行拍攝。在BNI的時間裡，幫我們的會員拍攝形象照，一傳出去好評不斷，最終成為我的主要業務之一。這些好評和口碑的推薦，對我的事業發展起到了重要的推動作用。我真心感謝宏達兄和許婷婷小姐的熱情推薦支持，他們讓我的攝影事業蒸蒸日上。

在創業過程中，遇到各種挑戰和困難是很正常的，例如我們的攝影棚就搬了5次。但重要的是，我能夠抓住機會，並找到新的方向。服務項目的轉變，顯示了我適應能力和創新思維的重要性。我衷心希望我的攝影事業能夠持續蓬勃發展，繼續得到支持和好評。

帕金森病找上我 ，卻帶領我到主面前

在貴人們的幫助和自我要求下，加上一直有到府拍全家福的案子，讓我的攝影工作得以延續。然而，在2014年的一次詳細檢查後，醫生告訴我我罹患了帕金森病。當時我覺得這個疾病並不會對我造成太大的影響，只需要按時服藥就可以控制。

但是五年後，我發現藥物的效果越來越差，而我的行動能力也越來越受限制。一開始我需要使用拐杖，後來甚至需要依靠助行器。醫生建議我考慮進行深部腦部刺激(DBS)手術。最終，我在2022年4月接受了手術，當然我的攝影工作也暫時中斷了。

2019年3月，我的媽媽在家中跌倒並骨折，這給我帶來了很大的壓力。在3次的手術後，情況終於穩定下來，好不容易鬆口氣，卻在此時接到房東通知，原本答應要續約，硬要我們在三個月內搬家。幸運的是，透過教會姊妹Grace引薦，我接觸到了基督教信仰，開始信主。

教會姊妹們也熱心地為我找房及代禱，求主能幫助我找到適合的住處，但都沒有成功。眼看就要過了期限，奇妙的事情發生了。當天看完汐止的房子後，在公車上，聖靈向我說話，要我搬到汐止。當時，我淚如泉湧感動不已。在順利搬遷到新家後，我發現只要出門，就能看到以前忽視的景物，並用手機拍攝多樣風格的作品。這讓我深刻體會到是主開了我的眼界，我對此深深感謝主的恩典。

六次個人手機攝影創作展

隨著作品不斷增加，激發了我舉辦攝影展的想法。在確定了展場後，我和策展人Michele在短短一個多月的籌備期間，我在2019年12月成功舉辦了第一次的個人手機攝影展。從第一次的攝影展到2023年6月30日，我一共舉辦了6次個人手機攝影創作展和5次聯展，所有的作品都是信主之後拍攝的，都是神的恩典，也感謝台企會的成員與教會的弟兄姊妹的支持。

一位好友曾對我說：「你真能看到我們看不到的景象。」我想這不只是攝影經驗的累積，而是更多更多對對生活的體會，對生命的尊重。攝影對我而言並不是還原真相，而是用自己的觀點去呈現對這景物的感受。

今年2023年5月，至林口長庚醫院進行回診，在回程的路上，聽到聖靈對我說話：「該出書了，該出書了！」我當時淚如泉湧，包括現在仍然深受感動。其實我之前就有出書的想法，只是一直未下定決心去做。目前我正在撰寫一本攝影教學的書，預計在2024年上半年出版。感謝一直在各方面支持我的同學，台企會的黃會長和伙伴，以及教會的弟兄姊妹。更重要的是，感謝主的恩典。雖然我目前的行動能力還不完全自如，但我的內心卻是自由的。感謝主，一切榮耀歸於主！

一路走來的攝影之路

我一路走來的攝影之路，高高低低又跌跌撞撞。我經歷了許多精彩而具有挑戰性的過程。婚紗攝影的全盛時期，我在公司擔任重要角色，建立了完整的攝影師晉升制度，也獲得了寶貴的經驗。後來，我決定創業，主攻到府服務的全家福攝影到專業形象照。儘管遇到了各種困難和挑戰，我透過信主和許多人的幫助，持續推動著我的攝影事業。帕金森病的確讓我面臨了一個新的挑戰，但我仍然堅持著，並舉辦了多次個人攝影展。現在，我正準備出版一本攝影教學書籍。這段旅程充滿了神的恩典和帶領，也期待著未來攝影之路的新起點。

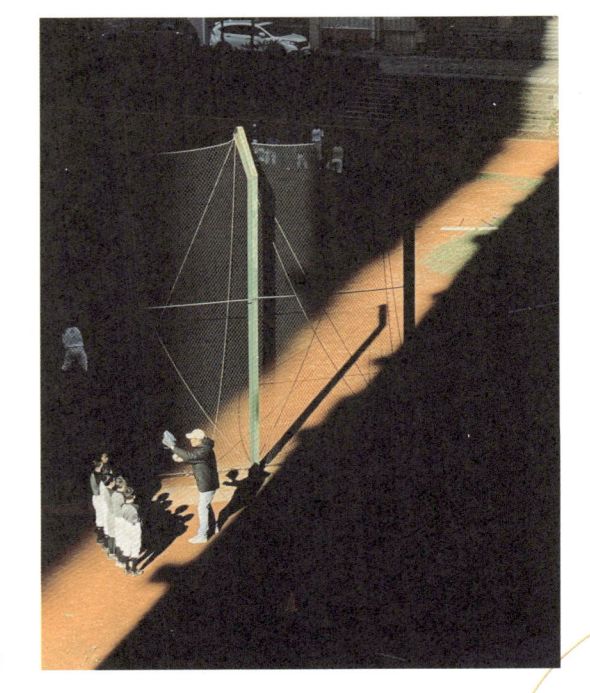

右圖：一道光

【趙蘊嫻 / 趙攝 作品分享】

左圖：未來世界

趙蘊嫻
專業人像攝影師
曾擔任台北青樺婚紗攝影公司攝影部經理15年
2010.06　創立趙的攝影工作室
2013-至今 惠普電腦福委會指定攝影商家
2016-至今 台企社團聯盟攝影社社長（社友將近 400位）
2017-至今 台企社團聯盟主席
2020.3 -2021.04　應邀為「大媒體新聞網」特約撰述
2019.12-2023.06　舉辦 6次個人手機創作攝影展：
《發現日常中的不尋常》、《從心看世界》、《光影詩篇》、《虛實之間》、
《一路走來》、《我拍攝 所以我存在》
2022.07 國父紀念館攝影聯展《躍》專訪
20220.11經濟日報專訪：趙蘊嫻影師在人生轉折處 找個新方向
2023.03宇宙光雜誌專訪：幸福攝影師-趙蘊嫻的生命顛簸之路

【著作】
2024.09 出版攝影工具書：心有所感隨手拍

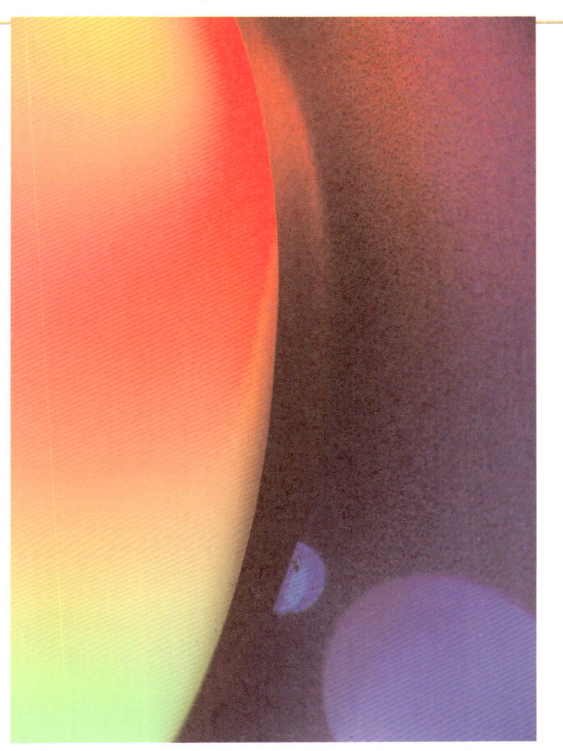

左上圖：彩虹　　右上圖：光之瀑布
下圖：女郎

台企會 × 工巧明

• 共同創造更多可能

工巧明設計工作室
顏沐寬/負責人

　　從事插畫、動畫相關領域的工作已近二十年的豐富經驗。一開始在兒童教材出版業擔任插畫師。這份工作為我打下了堅實的插畫基礎。

　　隨著時間推移，由插畫轉戰動畫領域，並擔任美術設定師的職務，這對我來說是一個重要的轉折點。在這段漫長的職業生涯中，我面對了各種不同公司提出的挑戰，並累積了相當多的廣告動畫製作經驗。這也促使我需要不斷提升自己，發展出不同風格的插畫技巧，以滿足各種客戶的需求。

　　在自行創業初期，尋找案件的來源變得至關重要。嘗試透過外包網站尋找案件，或者依賴過去合作的客戶轉介紹。然而，這種方式的案件來源仍然相對有限。直到我接觸到商會，才逐漸了解到企業之間可以透過商務合作相互連結，從而共同創造商機。不同的商會體系也都有著各自獨特的文化和運作方式。

　　一次偶然的機會，有幸受邀參加朋友創立的商務中心開幕活動，這次經歷讓我深刻體會到商會的價值。在這樣的活動中，經常有機會主動與來賓交談，並首次認識到了台企會。通過更深入的了解，我決定加入這個商會。

　　相較於之前接觸過的商會，台企會提供了更多不同的社團和平台，並經常舉辦各種講座以及活動。這不僅為有意參加的人提供了學習和提升自己的機會，還讓我們能夠建立有價值的社交關係。

　　在參加台企會的過程中，透過與其他會員之間的互動，讓我看到了其他人的優點，同時也了解到自己的不足之處。深刻體會到，成功不僅僅取決於機會的多寡，更重要的是自己的能力和實力。

　　在台企會，只要企業足夠強大，能力足夠出色，就一定會被看見，被認可。台企會為大家提供了一個平台，一個社群，這個平台能夠幫助你壯大自己的事業，而這也是我所需要的。這個經驗不僅擴展了我的視野，更為我的事業注入了新的動力。

工巧明設計工作室

廣告動畫 / 美術設計 / 兒童繪本插畫
商業插畫 / 角色設計 / LINE貼圖

經歷
- 麥當勞叔叔之家-睿睿的故事 動畫美術
- 新光三越-金鼠卡利HIGH篇 動畫美術
- 健力士-大嘴鳥夏日限定瓶 動畫美術
- 基隆郵局-集遊基隆典藏組 郵摺設計
- 玉山銀行-動畫場景設計
- Qoo-產品包裝插圖設計
- 全聯-社群貼文漫畫
- 安聯投信-動畫美術

Design Studio

因為商業廣告的多元性，我們經常需要變換許多風格因應客戶的需求...

有時候會是這樣>>

偶爾...會像這樣>>

也可能會是這樣>>

或是這樣>>

只有透過不斷的研究和練習
讓風格更加多元創新
才能接受更多不同的挑戰

在創業的過程中...
難免會遇到**怪物級**的客戶

但只要有**耐心**的面對跟溝通

一定可以完成客戶的需求

當然，在前進的道路上，也一定會遇到**大大小小**的阻礙

如果無法搬開
可以選擇**繞過它**

也可以選擇學習**更多技能**
讓困難成為你**更上層樓**的台階

堅持、努力、不斷的精進自我
就能看見更不一樣的**風景**

工巧明 Design Studio

插畫+動畫 讓品牌說話

工巧明設計工作室

0918765011
color19791110@gmail.com
https://gonchauming.tumblr.com

Portfolio　Line　Fb

廣告動畫／網路動畫／LINE貼圖／美術風格設定／場景設計／角色設計／商業插圖／繪本插畫

專案經歷

＜新光三越＞夏天卡利HIGH X 好好集／廣告動畫美術設定　＜新光三越＞金鼠卡利HIGH篇／廣告動畫美術設定　＜麥當勞叔叔之家＞小巨人篇／動畫美術設定
＜健力士＞大嘴鳥夏日限定瓶／廣告動畫美術設定　＜波蜜＞40週年廣告動畫／角色設定　＜全聯＞社群貼文／四格漫畫繪製　＜華航＞擁抱篇／動畫場景設定
＜Qoo＞產品包裝插圖設計　＜聯博＞平面視覺插畫設計　＜ＨＴＣ＞動畫場景設計　＜玉山銀行＞廣告動畫場景設計　＜摩斯漢堡＞廣告動畫美術設定
＜文化局＞宣傳影片動畫／美術設定　＜安聯投信＞網路動畫美術設定　＜大愛電視台＞插畫繪製／動畫影片製作　＜親子天下＞小行星月刊／插圖繪製

台企會暨十二平台大事記

2015年1月：台灣企業領袖交流會(台企會)正式成立，致力於串聯台灣企業能量，整合資源，促進異業合作，協助企業升級轉型，實現永續發展。

一、2015年6月：台企會商務合作平台成立。
2017年3月：於外貿協會國際會議中心舉辦「企業商品發表暨商機媒合會」，聚焦新品展示與商業合作，促進企業間的交流與商機拓展。
2015年至2024年，連續九年舉辦超過百場「商務合作平台交流會」，持續促進企業資源共享與合作共贏。

二、2015年8月：台企會社會公益平台成立。
2017年4月：台企會以商業社團的名義，率先在國內成立「台企會社會慈善基金公益信託」。
2022年12月：舉辦「愛永續慈善音樂會」，特邀新任台北市長蔣萬安市長蒞臨致詞並提供寶貴指導，為活動增添亮點與深遠意義。
2018年至2024年，連續六年舉辦「愛永續慈善音樂會」，以音樂傳遞愛與關懷，支持永續公益行動，並捐助超過百個弱勢團體，彰顯深遠的社會影響力。

三、2016年4月：台企會企業培訓平台成立。
2017年8月：舉辦「商業模式創新座談會」，探討創新策略，助力企業優化商業模式與提升競爭力。
2019年6月：組建十多位菁英專家的企業經紀人團隊，為會員提供專業顧問服務，助力企業成長，共創高峰，推動經濟繁榮。
2023年3月：舉辦「中小企業ESG策略研討會」，聚焦永續發展，助力中小企業探索ESG實踐與商業機遇。

四、2016年9月：台企社團社長聯盟成立。
2016年至2024年，連續八年舉辦超過二十場「社團聯盟社友聯合交流會」，促進跨社團及跨行業合作，分享經驗與最新動態。同時，不定期舉辦由社團社長主持的線上專業分享會，傳授專業知識與成功經驗，助力會員專業素養提升與多元發展。

五、2016年11月：台企會創業投資平台成立。
2023年6月：於外貿協會國際會議中心舉辦「專利技術商轉暨創業募資媒合會」，促進技術商業化與資源對接。
2016年至2024年，連續八年舉辦大型創新創業媒合會，助力百家新創企業資源對接與成長。

六、2017年4月：台灣企業產經協進會成立。
2017年12月：舉辦「台灣產經趨勢論壇」，承實文化、創新起飛-文創產業的變革創新。
2022年9月：舉辦「2022中小企業ESG博覽會」，特邀台北市長柯文哲與衛福部部長陳時中蒞臨致詞並提供寶貴指導，為活動增添高度與影響力。
2024年3月：舉辦「台灣品牌國際化策略研討會」，助力台灣品牌邁向國際化，分享成功策略與實務經驗。

七、2017年5月：台企會私人董事會成立。

2020年12月：舉辦「頂尖領袖六堂課」，邀請上市櫃領袖指導，聚焦國際視野、創新智慧，助力企業成長。

2024年9月：成立「中小企業IPO加速器」並舉辦「頂尖領袖總裁班」，致力於支持中小企業加速上市進程，提供專業輔導與資源整合。

2017年至2024年，連續七年舉辦26場「私人董事會」，持續助力企業高層決策交流與資源整合。

八、2019年3月：台企會品牌育成平台成立。

2019年3月：舉辦「台灣企業品牌之星選拔暨品牌創新研討會」，選拔創新品牌之星，探討品牌創新與市場趨勢。

2021年至2024年，定期舉辦「品牌力實戰研習營」，成功輔導十餘家會員企業，使其榮獲「中華民國全國商業總會品牌金舶獎」，並獲得總統的接見表揚。

九、2021年1月：台企會員工照顧平台成立。

2021年9月：舉辦「職場壓力預防與管理研討會」，探討如何識別和管理職場壓力，提升工作效率與心理健康。

2023年8月：舉辦「邁向幸福企業：ESG永續發展研討會」，結合企業社會責任與永續發展，探索幸福企業的打造之道。

十、2023年3月：台灣國際商貿協進會成立。

2023年12月：舉辦「2024全球經濟展望暨貿易商機論壇」，聚焦全球經濟趨勢與貿易機會。

2024年4月：舉辦「掌握國際商貿機遇與ESG實踐研討會」，探討商貿機遇與永續實踐。

2024年10月：舉辦「台日商機跨境市場論壇」，促進台日跨境合作與商機交流。

十一、2023年9月：RAC創富家天使會成立。

2024年1月暨9月：舉辦「投資人智慧沙龍」，分享投資洞見，促進投資人間的智慧碰撞與合作機會。

2024年3月暨9月：舉辦「RAC創業家投資峰會」，聚焦創業投資與資源對接，促進企業成長與投資合作。

十二、2024年5月：台企會企業智慧學苑成立。

2024年5月：舉辦「企業智慧學苑菁英講師聯盟揭幕會」，啟動講師合作平台，推動專業發展與資源整合。

FACEBOOK　　　台企會官網　　　台企會商訊交流區

【渠成文化】台企會 001
企業創新與使命
36位創業家企業創新與使命的實踐之道

作　　　者	台企會菁英群
內容授權	台灣企業領袖交流會

講師群（依照登場順序）：
黃信維、吳俊毅、廖延修、張培鏞、陳雲逸、謝雅竹、謝淮辰、吳威廷、
詹家和、李政哲、蔡文旗、邱正偉、陳培綸、王寶萱、王子娘、王永才、
王瑞敏、成昀達、伍秀蓁、李清勇、黃素秋、林尚宏、邱蕙茹、何正良、
周書弘、洪金灼、張秀華、馬秀蓁、張淑卿、連文昭、黃豐盛、葉國憲、
彭思萱、黃文華、曾俊凱、劉信賢、趙蘊嫻、顏沐寬

內容召集人暨總統籌　黃信維
總策劃：張櫻瓊　陳培綸
總執行：張櫻瓊　陳培綸
圖書策劃　　匠心文創
發行人　　　陳錦德
出版總監　　柯延婷
執行編輯　　張立雯、李少彤
內頁編排與封面完稿　江予君、李自威
E-mail：cxwc0801@gmail.com
網　　址　　https://www.facebook.com/CXWC0801
總代理　　旭昇圖書有限公司
地　　址　　新北市中和區中山路二段352號2樓
電　　話　　02-2245-1480（代表號）
定　　價　　新台幣420元
印　　刷　　上鎰數位科技印刷
初版一刷　2024年 12月
ISBN 978-626-98393-7-7
版權所有・翻印必究　Printed in Taiwan

國家圖書館出版品預行編目(CIP)資料

企業創新與使命/台灣企業領袖交流會菁英群合著.
-- 初版. -- [臺北市]：
匠心文化創意行銷有限公司，2024.12
面；　公分
ISBN 978-626-98393-7-7(平裝)

1.CST: 企業家 2.CST: 企業經營 3.CST: 企業管理

490.99　　　　　　　　　　　　　　　　113012990